COLEÇÃO de QUÍMICA CONCEITUAL
volume dois

ENERGIA, ESTADOS E TRANSFORMAÇÕES QUÍMICAS

Blucher

HENRIQUE E. TOMA
volume dois

ENERGIA, ESTADOS E TRANSFORMAÇÕES QUÍMICAS

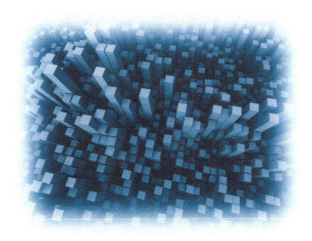

Coleção de Química Conceitual – volume dois
Energia, estados e transformações químicas
© 2013 Henrique Eisi Toma
Editora Edgard Blücher Ltda.

Blucher

Rua Pedroso Alvarenga, 1245, 4º andar
04531-012 - São Paulo - SP - Brasil
Tel 55 11 3078-5366
contato@blucher.com.br
www.blucher.com.br

Segundo Novo Acordo Ortográfico, conforme 5. ed. do
Vocabulário Ortográfico da Língua Portuguesa,
Academia Brasileira de Letras, março de 2009.

É proibida a reprodução total ou parcial por quaisquer
meios, sem autorização escrita da Editora

Todos os direitos reservados a Editora Edgard Blücher Ltda.

FICHA CATALOGRÁFICA

Toma, Henrique Eisi
   Energia, estados e transformações químicas /
Henrique Eisi Toma. - São Paulo: Blucher, 2013.
(Coleção de Química conceitual, v. 2).

ISBN 978-85-212-0731-3

   1. Química 2. Matérias – propriedades
3. Reações qu[micas I. Título II. Série

12-0445   CDD 540

Índice para catálogo sistemático:
1. Química

À minha família,

Cris, Henry e Gustavo, e

à memória do colega José Atílio Vanin,
cujas discussões e entusiasmo
alimentaram o sonho deste projeto,
que ora se concretiza.

PREFÁCIO

Neste conjunto de textos que compõem a coleção **Química Conceitual**, nossa maior preocupação foi apresentar um conteúdo moderno, representativo do mundo da Química, sem fronteiras. O público-alvo são os químicos e não químicos e, por isso, o ponto de partida não pressupõe qualquer pré-requisito cognitivo. Na série, rompemos, com as divisões clássicas de Química Inorgânica, Orgânica e Físico-química, e procuramos abrir espaço para tópicos que não podem deixar de ser ensinados na atualidade, como a questão dos materiais, da energia, da nanotecnologia, dos aspectos ambientais e da sustentabilidade. Aspectos básicos da Química Orgânica tradicional foram enquadrados de forma harmoniosa na Química dos Elementos e Compostos, para que o leitor perceba as particularidades e semelhanças de forma global, na Tabela Periódica.

Com o avanço e uso extensivo dos recursos computacionais na Química, a ferramenta teórica já não pode mais ser ignorada. Apesar de a Química teórica ser baseada na mecânica quântica, devemos aceitar o desafio de tentar torná-la acessível pedagogicamente, em vez de simplesmente expurgá-la, em razão de sua complexidade. Certamente, muito terá de ser feito nessa área, para que o ensino de Química entre em sintonia com a modernidade e possa usufruir dos seus benefícios.

Alguns dos sistemas abordados no texto podem, inicialmente, parecer demasiadamente complexos. As estruturas de polímeros, medicamentos e materiais ultrapassam nossa capacidade de memorização e, de fato, este não foi o nosso objetivo. A presença dessas estruturas no texto contribuirá para que o leitor aprenda a analisar o fato complexo pelas suas partes simples, e perceba a identidade química dos materiais constituintes que estão ao redor.

CONTEÚDO

1 INTRODUÇÃO, 11
Estados da Matéria, 12
   O estado gasoso, 13
   O estado líquido, 15
   O estado sólido, 16
   Mudanças de estado, 24
   Estado metaestável, 26
Diagrama de Fases, 26
   Soluções, 29
   Unidades de concentração, 31
   Propriedades coligativas, 34
   Destilação, 36
   Osmose, 37
   Coloides e micelas, 39
Cristais Líquidos, 43
Filmes Moleculares e Poliméricos, 44

2 ENERGÉTICA E EQUILÍBRIO, 47
Termoquímica, 49
   Condições padrão para medidas termodinâmicas, 50
   Ligações químicas, 53
   Termodinâmica e equilíbrio, 54
   Variação de energia livre da reação, 56
   Energia livre padrão de formação, 56
   A energia livre de uma reação química, 57
   Relação entre energia livre e constante de equilíbrio, 57

3 EQUILÍBRIOS EM SOLUÇÃO AQUOSA, 65
   Equilíbrios ácido-base em solução aquosa, 66
   Autoionização da água, 69
   Efeito do íon comum, 70
   A escala de pH e a notação logarítmica, 71
   Produto de solubilidade, 72

4 CINÉTICA QUÍMICA, EQUILÍBRIOS E MECANISMOS DE REAÇÃO, 77

Rapidez de reação e fatores associados, 78

Ordem de reação, 81

Dependência da constante de velocidade em relação à temperatura, 84

Teoria do estado de transição, 86

Mecanismos e processos elementares, 87

Equações de velocidade, 90

O conceito de meia-vida, 91

Relação entre as constantes de equilíbrio e as constantes de velocidade, 94

Mecanismos de reações, 97

Princípio da reversibilidade microscópica, 99

5 TRANSFERÊNCIA DE ELÉTRONS E ELETROQUÍMICA, 101

Reações de oxidorredução, 105

Pilhas, 106

Coeficientes estequiométricos das equações de oxidorredução, 110

Pilhas e espontaneidade das reações, 111

Dependência do potencial da pilha com a concentração, 117

Relações termodinâmicas, 120

Ciclo termodinâmico para os potenciais de eletrodo, 120

Diagramas de Latimer, 123

Corrosão e potenciais padrão, 123

Funcionamento das pilhas mais simples, 128

6 CONVERSA COM O LEITOR, 137

Questões provocativas, 138

Apêndice – Tabelas, 147

CAPÍTULO 1

INTRODUÇÃO

O mundo é essencialmente dinâmico, tendo como fato marcante a mutabilidade da forma e composição de tudo que nele existe. Em *Metamorfose*, Escher nos brinda com uma representação artística desse fato, realizada com muita criatividade. Esse caráter dinâmico é a base da evolução das espécies. Algumas vezes, as mudanças ocorrem muito lentamente, como o envelhecimento dos seres e dos objetos; outras vezes escapam a mais ágil resposta dos nossos sentidos. Essas mudanças, frequentemente, percorrem um único sentido, como uma queda d'água ou uma explosão; entretanto, outras vezes, mesmo sem que as percebamos, elas podem estar ocorrendo nos dois sentidos, ou seja, indo e voltando sem cessar. É o que acontece com uma porção de sal depositada no fundo de um copo. Aparentemente o sal sólido parece não sofrer transformações, assim como a

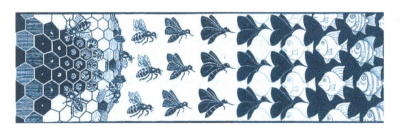

Metamorfose, de Maurits Cornelis Escher – artista holandês (1898-1972) conhecido por suas gravuras geométricas e transformistas, e pela incrível capacidade de trabalhar o impossível.

salmoura ao seu redor. Entretanto, se observarmos o sistema com atenção, ou após um tempo suficientemente longo, veremos que as partículas cristalinas do sal estão se modificando continuamente. As dimensões dos cristais mudam, de modo que as partículas menores acabam se dissolvendo, ao mesmo tempo em que as maiores continuam crescendo. Na realidade, o sal depositado está se dissolvendo com a mesma rapidez com que a parte solúvel está se combinando, para regenerar o sólido.

Estados da Matéria

As substâncias são normalmente encontradas no estado sólido, líquido ou gasoso, dependendo da temperatura. Por meio do aquecimento é possível converter um sólido em um líquido (processo de fusão) e um líquido em vapor (processo de vaporização), e vice-versa, mediante o resfriamento. Para substâncias puras, as mudanças de estado não modificam a constituição química das moléculas. Por essa razão, as temperaturas de fusão e vaporização ou ebulição têm um valor constante sob uma dada pressão, e podem ser usadas como critérios de pureza. No caso das misturas, a composição influi nas temperaturas de mudança de estado.

Algumas substâncias, como o iodo (I_2) ou o naftaleno ($C_{10}H_8$) também conhecido como naftalina, apresentam o fenômeno de sublimação, passando diretamente do estado sólido para o de vapor.

Enquanto os sólidos têm formas próprias, os fluidos, representados pelos líquidos e gases, sempre tomam a forma dos recipientes que os contêm. Os gases acabam preenchendo inteiramente o recipiente, mesmo quando presentes em pequenas quantidades. Já os líquidos se acomodam no recipiente, deixando uma superfície livre, horizontal.

Esta forma de caracterizar um estado é macroscópica, ou seja, a matéria é vista como um todo. Os gregos, ao observarem que, pelo aquecimento resultante da ação de uma chama, um sólido se fundia ao líquido e depois vaporizava para o gás, imaginaram que tudo que existia à sua volta seria formado por quatro elementos, a *terra* (princípio do sólido), a *água* (responsável pela forma líquida), o *ar* (característico do gás) e o *fogo* (algo parecido com energia).

Descendo ao nível microscópico, ou seja, dos átomos e moléculas, observa-se que as distâncias entre as partículas aumentam e as forças de interação diminuem quando se passa do sólido para o líquido e deste para o gás. As moléculas executam três tipos de movimento: translação, rotação e vibração. A translação leva ao deslocamento da molécula de um lugar a outro, no espaço. A rotação é um movimento giratório em torno de um eixo imaginário, e a vibração é um movimento pulsante sobre uma ligação química; ambas não resultam em deslocamento, pois são executadas em torno de uma posição média ou um centro de equilíbrio de massa.

O impacto das partículas em movimento sobre uma superfície gera uma pressão P. Além da pressão, a descrição de um dado estado da matéria precisa de outras duas variáveis, a temperatura (T) e o volume (V). Essas três variáveis P, T, V são chamadas variáveis de estado.

O estado gasoso

Existem relações matemáticas importantes que relacionam as variáveis de estado. Por meio delas, conhecendo-se algumas, é possível calcular as demais. Por exemplo, por meio de experiências, chegou-se à seguinte relação válida para o estado gasoso:

$$PV = nRT.$$

Nessa expressão, n corresponde à quantidade de matéria (expressa em mol) e R é uma constante, chamada constante universal dos gases. Essa equação se aplica bem quando o gás se comporta como moléculas que se movem livremente, sem que interajam entre si. Essa é a condição de um gás ideal ou perfeito. Na realidade, sob pressões de 1 atm ou menos, e temperaturas cada vez mais distantes do ambiente, os gases reais se aproximam muito do comportamento ideal.

O valor da constante R depende das unidades adotadas. Por exemplo,

$$R = 0,0820575 \text{ atm L } K^{-1} \text{mol}^{-1}$$

$$R = 8,31441 \text{J } K^{-1} \text{mol}^{-1}$$

$$R = 1,98720 \text{ cal } K^{-1} \text{mol}^{-1}$$

O produto PV tem unidades de energia, pois equivale a um trabalho realizado. Se a temperatura for mantida constante, o produto PV será sempre constante, pois n, R e T são constantes.

$$PV = k \ (T = \text{constante}).$$

Assim, para uma transformação sob temperatura constante, de um estado 1, expresso por uma pressão P_1 e volume V_1, até um estado 2, definido por P_2 e V_2, verifica-se que,

$$P_1V_1 = P_2V_2.$$

Essa relação foi determinada experimentalmente por Boyle, em 1650. Conhecendo-se os valores iniciais de pressão e volume (P_1V_1) e, por exemplo, a pressão final (P_2), pode-se calcular V_2.

Se o volume for mantido constante, a relação entre a pressão e a temperatura será dada por,

$$(P_1/P_2) = (T_1/T_2)$$

e, portanto, o aumento de temperatura provocará um aumento da pressão do gás.

Se a transformação ocorrer sob pressão constante, será válida a seguinte relação,

$$(V_1/V_2) = (T_1/T_2)$$

e o aumento de temperatura provocará um aumento de volume do gás.

Quando os gases são submetidos a altas pressões ou baixas temperaturas, as interações moleculares passam a ser significativas, pois as colisões deixam de ser estritamente elásticas. Assim, os gases passam a se desviar do comportamento ideal e devem ser introduzidas correções na equação geral dos gases. Isso pode ser feito por meio do fator **Z** ou de compressibilidade, tal que,

$$PV = \mathbf{Z}nRT.$$

Fatores de compressibilidade são encontrados em tabelas específicas sobre gases.

Outra equação que incorpora correções para o comportamento real foi estabelecida pelo químico holandês Johanes Diderik van der Waals (1837-1923), em 1873, e que tem a seguinte forma

$$[P - (\mathbf{a}n^2/V^2)]\,(V - n\mathbf{b}) = nRT$$

onde **a** e **b** são constantes obtidas experimentalmente. Durante uma colisão, os átomos se aproximam até uma distância de contato, tal que as cargas nucleares passam a atrair os elétrons dos átomos vizinhos, provocando o surgimento de dipolos instantâneos ou induzidos. A interação entre os dipolos induzidos dá origem a uma fraca força de ligação, conhecida como força de van der Waals, que mantém as partículas unidas até que a agitação térmica as separe. A indução de dipolos equivale a deslocar os elétrons em uma direção, e a facilidade com que isso ocorre é denominada polarizabilidade. Átomos grandes, com muitos elétrons, são mais polarizáveis que os pequenos, e estão mais sujeitos às forças de van der Waals. A constante **a** introduz a correção das forças intermoleculares, que amortecem as colisões entre as partículas, diminuindo a pressão efetiva. A constante **b** leva em conta o fato de que as moléculas não são pontos, mas têm um volume próprio, que normalmente é pequeno em relação ao volume do recipiente, mas se torna importante em altas concentrações. Os valores das constantes **a** e **b** também são encontrados em tabelas, na literatura.

O estado líquido

O estado líquido é o mais dificilmente equacionado sob o ponto de vista das interações microscópicas. As moléculas ainda apresentam liberdade translacional, rotacional e vibracional, porém sofrem interações recíprocas que levam a uma associação dinâmica, responsável pela manutenção do estado condensado. Quando a energia cinética das moléculas excede a energia de interação no líquido, ocorre sua vaporização espontânea.

A energia necessária para provocar a vaporização do líquido depende das forças de interação existentes entre as moléculas. Essas forças podem envolver dipolos permanentes (moléculas polares) ou dipolos induzidos (moléculas apolares, interação de van der Waals).

Muitos líquidos, ainda, apresentam associação por meio de ligações de hidrogênio. Nesse caso, deve haver um átomo de H polarizado, capaz de interagir com outro átomo que apresenta orbitais ocupados, disponíveis para tal. O exemplo mais conhecido é o da água:

As interações de hidrogênio podem ser extremamente fortes, como no caso da água, com uma energia de ligação H----OH em torno de 25 kJ mol^{-1}. Por isso a água é um líquido de alto ponto de ebulição e relativamente viscoso. Note que o H_2S, apesar de ter maior massa molecular que a água, não forma ligações de hidrogênio suficientemente fortes deixar de ser uma substância gasosa.

O estado sólido

Existem dois tipos de sólidos: os cristalinos e os amorfos (ou pouco cristalinos). Os primeiros exibem uma aparência geométrica externa bem definida, mostrando faces características, frequentemente modelando prismas e pirâmides muito atraentes, como aquelas que se veem no quartzo, muito abundante no Brasil. Isto não acontece nos amorfos. A regularidade exibida pelo aspecto exterior dos sólidos cristalinos – o chamado *hábito cristalino* – resulta do arranjo ordenado dos átomos (ou moléculas em seu interior). No sólido cristalino, é possível, por meio de medidas de difração de raios X, identificar unidades mínimas, repetitivas, denominadas de cela unitária. Essas celas são características da estrutura de cada substância cristalina, e podem ser agrupadas em sete classes: cúbica, tetragonal, ortorrômbica, romboédrica, monoclínica e triclínica, conforme ilustrado na Figura 1.1. As características geométricas de cada sistema cristalino estão reunidas na Tabela 1.1.

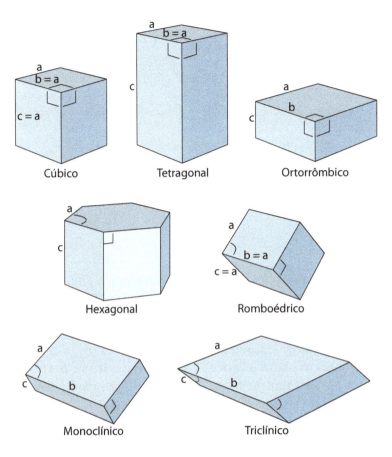

Figura 1.1
Ilustração dos sete sistemas cristalinos.

A principal característica dos sistemas cristalinos é a presença de regularidade nos planos atômicos internos, como mostrado na Figura 1.2.

Tabela 1.1 – Características dos sete sistemas cristalinos

Classe	Dimensões	Ângulos	Exemplos
Cúbico	a = b = c	a = b = γ = 90°	NaCℓ
Tetragonal	a = b ≠ c	a = b = γ = 90°	MgF$_2$
Ortorrômbico	a ≠ b ≠ c	a = b = γ = 90°	HgCℓ_2
Romboédrico	a = b = c	a = b = γ ≠ 90°	Aℓ_2O$_3$
Hexagonal	a = b ≠ c	a = γ = 90°, b = 120°	CuS
Monoclínico	a ≠ b ≠ c	a = γ = 90°, β ≠ 90°	KCℓO$_3$
Triclínico	a ≠ b ≠ c	α ≠ β ≠ γ ≠ 90°	CuSO$_4$·5H$_2$O

Figura 1.2
Visualização dos planos atômicos em um retículo cristalino bidimensional.

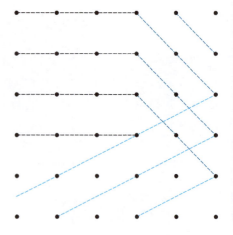

A determinação estrutural é feita pelos sinais de difração de raios-X gerados pelos vários planos atômicos no interior do cristal. O princípio utilizado é muito simples. Quando, por exemplo, duas ondas de raios X com comprimento de onda λ atingem dois planos paralelos, a que incidir sobre o plano inferior deverá percorrer um percurso maior até emergir da superfície. Essa diferença de percurso pode ser vista na Figura 1.3 e corresponde a $2x$.

Por sua vez, existe uma relação trigonométrica simples entre x e a distância entre os dois planos, d, tal que,

$$x = d \operatorname{sen}\theta.$$

Quando as duas ondas são refletidas pelos dois planos paralelos, elas só podem se recombinar se estiverem com a mesma fase, ou seja, se forem superponíveis. Isso só será possível se a defasagem de percurso, $2x$, for múltipla do comprimento de onda, isto é,

$$n\lambda = 2x.$$

Figura 1.3
Dois feixes paralelos incidindo sobre dois planos cristalográficos ficam defasados por um percurso igual a 2x, que deve ser múltiplo do comprimento de onda, para que não sofram interferência destrutiva.

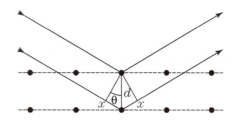

Portanto,

$$n\lambda = 2d\ \text{sen}\theta.$$

Essa equação foi deduzida por Bragg, em 1912. Quando a defasagem de percurso, $2x$ não for múltipla do comprimento de onda ocorrerá uma recombinação fora de fase, levando a uma interferência destrutiva ou extinção da onda. Esse fenômeno, baseado na recombinação das ondas refletidas por vários pontos (ou planos) é conhecido como **difração**.

Esse raciocínio pode ser estendido para um feixe de raios X incidindo sobre vários planos paralelos. Medindo-se a intensidade da luz difratada pelo cristal é possível conhecer a disposição de todos os átomos existentes nele, ou seja, sua estrutura.

Os sólidos amorfos são também chamados de vítreos, por analogia ao vidro, que é formado basicamente por óxido de silício sem arranjo cristalino. O termo amorfo deve ser empregado com cuidado, pois não existe uma separação nítida entre o estado cristalino e o não cristalino. Entre os dois extremos pode ocorrer uma variação contínua no grau de cristalinidade de uma substância. O próprio termo cristalino só poderia ser empregado para um cristal perfeito, ou seja, sem defeitos internos, o que é muito raro.

Existem estruturas cujo padrão de difração lembra os cristais, porém com estruturas internas não periódicas, como na Figura 1.4. Essas estruturas são conhecidas como quase-cristais, e sua existência polêmica foi definitivamente demonstrada por Daniel Schechtman e reconhecida com o Prêmio Nobel de Química de 2011.

Alguns autores se referem à locução estado vítreo, quando querem falar dos amorfos. É interessante apontar que, embora existam considerações sobre os vidros (em razão do baixo ordenamento) como sendo sistemas líquidos de alta viscosidade, não se pode esquecer que eles mantêm forma própria por tempos superiores ao das vidas das pessoas. Sabe-se que alguns vitrais de igrejas europeias, construídas na Idade Média, já estão mais espessos na base, por causa do lento escoamento do vidro ao longo de muitos séculos.

Figura 1.4
Ilustração de um quase-cristal de Ag-Al (figura de domínio público – Wikipedia).

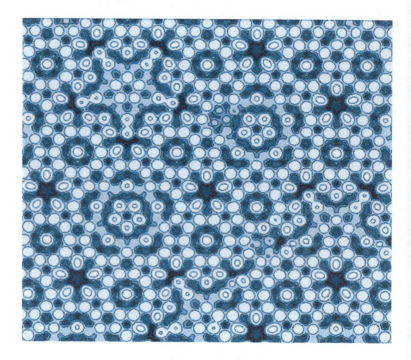

Sob o ponto de vista da natureza das ligações, é possível reconhecer a existência de, pelo menos, quatro tipos de sólidos: a) os sólidos iônicos; b) os sólidos moleculares; c) os sólidos covalentes; e d) os sólidos metálicos.

a) Sólidos iônicos

Nos sólidos iônicos, como é o caso dos sais de haletos alcalinos, existem cátions e ânions distribuídos em um retículo ou grade cristalina, guardando distâncias entre si constantes e bem definidas (Figura 1.5).

A força de interação entre os cátions e ânions é de natureza coulômbica. Para calcular a energia de interação no cristal, a equação de Coulomb pode ser ampliada, somando-se todas as atrações entre os íons de cargas opostas e as repulsões entre os íons de mesma carga, no cristal. A disposição dos átomos na estrutura é muito importante e sua contribuição pode ser englobada em um fator geométrico conhecido como constante de Madelung (**A**). A energia de formação do cristal é muito grande e decorre do fato de que as forças atrativas superam as forças repulsivas. Essa

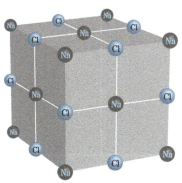

Figura 1.5
Estrutura cristalina do NaCℓ.

energia, também conhecida como Energia Reticular, é a principal responsável pela grande estabilidade dos sólidos iônicos, e é expressa por

$$U = -\frac{KZ_1Z_2NAe^2}{r}\left(1 - \frac{1}{n}\right)$$

onde Z_1 e Z_2 são as cargas elétricas dos íons, N é o número de Avogadro, r é a distância entre cátions e ânions vizinhos, e n é um fator de correção pela repulsão entre as densidades eletrônicas vizinhas. Para íons com configurações semelhantes ao He, Ne, Ar, Kr e Xe, atribuem-se valores de n iguais a 5, 7, 9, 10 e 12, respectivamente. Para íons com configurações mistas, do tipo Cs (Xe) e Cℓ (Ar), usa--se um valor médio de $n = 10,5 = (12 + 9)/2$. No sistema SI, $K = 9 \times 10^9 \text{ Nm}^2\text{C}^{-2}$ e a carga do elétron = $1,6 \times 10^{-19}$ C.

A constante de Madelung tem valores específicos para cada tipo de estrutura cristalina, como nos exemplos da Tabela 1.2.

Tabela 1.2 — Constantes de Madelung para alguns tipos de cristais

Tipo de cristal	Constante de Madelung
NaCℓ	1,747558
CsCℓ	1,762670
ZnS	1,641
CaF$_2$	5,03878

No processo de fusão, é necessário fornecer uma quantidade de energia equivalente à que foi liberada na formação do cristal iônico. Por isso, os sólidos iônicos que apresentam alta energia reticular possuem pontos de fusão muito elevados.

Para o iodeto de césio, CsI, cuja distância interiônica $r = 3,95$ Å ou $3,95 \times 10^{-10}$ m, o valor de U será:

$$U = \frac{9 \times 10^{9}(1)^{2}\left(6,02 \times 10^{23}\right)(1,76)\left(1,60 \times 10^{-19}\right)^{2}\left(1 - \dfrac{1}{12}\right)}{3,95 \times 10^{-10}} =$$

$$= -566 \ \text{kJ mol}^{-1}$$

b) Sólidos moleculares

Nos sólidos cristalinos moleculares existem moléculas que se arranjam regularmente em um retículo. É o caso do naftaleno e de muitas substâncias orgânicas. Algumas vezes, as moléculas mantêm suas posições definidas no arranjo, mas executam movimentos de rotação em torno de um dos seus eixos. Nesses casos, o composto é um cristal plástico ou plástico cristalino.

As interações existentes nos cristais moleculares dependem da natureza das moléculas presentes. Se as moléculas apresentarem baixa polaridade, como o CH_4, as forças dominantes serão do tipo dipolo–dipolo, envolvendo dipolos permanentes ou induzidos (van der Waals). Como essas forças são relativamente fracas, essas substâncias no estado sólido geralmente apresentam baixos pontos de fusão.

Quando as moléculas apresentam capacidade de formar ligações de hidrogênio, os sólidos moleculares podem formar estruturas bem mais estáveis,com pontos de fusão mais elevados em relação aos sólidos moleculares do tipo apolar. É o caso dos cristais de gelo, cuja estrutura pode ser vista na Figura 1.6.

c) Sólidos covalentes

Os sólidos covalentes são formados por cadeias tridimensionais de átomos ligados entre si por meio de ligações

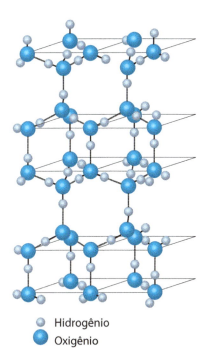

Figura 1.6
Estrutura do gelo, mostrando as moléculas de água unidas entre si por meio de ligações de hidrogênio.

○ Hidrogênio
● Oxigênio

químicas. Dependendo da força das ligações covalentes e da distribuição espacial dos átomos, os cristais podem ser extraordinariamente estáveis e resistentes. É o caso do diamante, no qual existem átomos de carbono ligados a quatro átomos vizinhos, orientados tetraedricamente no espaço. Esse tipo de estrutura é muito estável. Por essa razão, o diamante é um dos sólidos de maior dureza que se conhece. Em outra variedade estrutural, conhecida como grafite, os átomos de carbono formam agrupamentos hexagonais planares extremamente estáveis; contudo as ligações entre os planos são muito fracas. Dessa forma, na grafite, basta um simples atrito para provocar o deslizamento dos planos de carbono, e o sólido, ao contrário do diamante, pode ser riscado com grande facilidade.

De modo geral, os cristais covalentes apresentam pontos de fusão bem superiores aos cristais moleculares. Alguns, como o diamante, a sílica (SiO_2), o boro e o carbeto de silício (SiC), apresentam dureza e pontos de ebulição extremamente elevados, superando a maioria dos sólidos conhecidos.

d) Sólidos metálicos

Os sólidos metálicos não se restringem aos elementos metálicos, porém abrangem atualmente uma classe muito grande de compostos que apresentam condutividade eletrônica e outras propriedades típicas de metais. O brilho metálico é uma dessas propriedades. É muito difícil para um leigo diferenciar entre uma amostra de pirita (FeS_2) também conhecida como "ouro dos trouxas" e uma pepita de ouro. Substâncias como a pirita, têm características metálicas. Atualmente, um grande número de compostos orgânicos, polímeros, óxidos metálicos e compostos de coordenação, podem ser enquadrados na classe de compostos metálicos.

Os átomos metálicos caracterizam-se por apresentar pequeno número de elétrons na camada de valência. Dessa forma, para completar a camada eletrônica mais externa seria necessário compartilhar o máximo de elétrons possível com os átomos vizinhos, formando ligações multicêntricas, ou seja, deslocalizadas sobre um grupo de átomos. Esses átomos fazem parte de uma rede tridimensional, e, dessa forma, compõem um enorme número de orbitais moleculares superpostos no espaço. Enquanto, em uma molécula simples, por exemplo, de $A\ell_2$, é possível identificar orbitais moleculares discretos, formados a partir da combinação dos orbitais atômicos, no alumínio metálico esses orbitais moleculares passam a formar bandas, distribuídas por todo o cristal.

Assim, quando se quer descrever a ligação entre átomos deslocalizados por todo o cristal, é preferível lançar mão do Modelo de Bandas. Esse modelo se aplica bem na descrição das propriedades dos compostos metálicos e dos semicondutores (semimetais).

Mudanças de estado

A temperatura na qual uma substância se funde é chamada ponto de fusão (T_F) e a temperatura na qual sua forma líquida passa para vapor, de ponto de ebulição (T_E). Quando a pressão do ambiente é constante, a temperatura de fusão ou de ebulição permanece constante durante todo o pro-

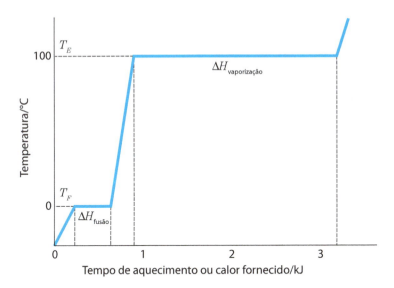

Figura 1.7
Curvas de aquecimento para 1 g de água, mostrando a primeira rampa a 0 °C relativa ao processo de fusão do gelo, e a segunda rampa a 100 °C, correspondente à ebulição da água.

cesso de mudança de fase, provocado pelo fornecimento ou retirada de calor (Figura 1.7). Os valores de T_F e T_E de substâncias puras são disponíveis em tabelas, em geral apresentando dados medidos à pressão de 1 atm.

As T_F e T_E proporcionam um critério muito simples para saber se uma amostra é pura ou não: se a temperatura variar ao longo da fusão ou da ebulição, o material não é constituído por uma substância pura. A T_F varia muito menos com a pressão externa que a T_E. Por isso, e levando em conta a facilidade de determinação, a T_F é mais usada como critério de pureza.

Deve ficar claro que misturas de duas ou mais substâncias não apresentam valores definidos de T_F e T_E. As suas mudanças de estado se dão em grandes faixas de temperatura. Contudo, existem as chamadas misturas eutéticas, que têm ponto de fusão definido, como se fossem substâncias puras. Existem também as misturas azeotrópicas, que têm ponto de ebulição constante. Um dos azeotrópicos mais importantes é o álcool hidratado, usado como combustível. Ele apresenta 96% em volume (ou 93,5% em massa) de etanol e 4% em volume (ou 6,5% em massa) de água. A temperatura de ebulição desta mistura azeotrópica é 78 °C, quando a pressão é 1 atm ($1,013 \times 10^5$ Pa).

Estado metaestável

Quando substâncias puras são resfriadas, em alguns casos se observa que elas não se solidificam, embora a temperatura esteja abaixo do seu ponto de fusão. Esta situação é chamada sobrefusão e o líquido é dito superresfriado. Também pode acontecer com substâncias puras de, algumas vezes, não vaporizarem embora sua temperatura esteja acima do T_E. É o que se chama superaquecimento.

As substâncias líquidas superresfriadas ou superaquecidas estão no chamado estado metaestável. Essa situação é instável, ou seja, não dura indefinidamente. Em geral, o estado metaestável é rompido por agitação mecânica: basta uma sacudidela no sistema para provocar a solidificação ou vaporização. Líquidos superresfriados podem solidificar se alguns cristais das substâncias forem colocados no recipiente, porque eles agem como centros de crescimento cristalino. Se contas de vidro forem colocadas no líquido superaquecido, ele começará a efervescer. Isso se deve à elevada temperatura em torno das contas, que determina a formação de vapor em seu redor, originando pequenas bolhas que crescem até caracterizar o processo de ebulição normal.

Especialmente quando se lida com água, o superaquecimento pode causar acidentes em laboratório, porque o líquido superaquecido é indistinguível do líquido à temperatura mais baixa. Quando o operador, por algum motivo, mexer no recipiente de água superaquecida, a agitação mecânica poderá ser suficiente para romper o estado metaestável, provocando uma ebulição violenta. O uso de contas de vidro ou a colocação de um bastão de vidro apoiado no fundo do recipiente – durante todo o processo de aquecimento – é muito simples, e pode evitar todos esses problemas, incluindo eventuais danos físicos ao indivíduo.

Diagrama de Fases

Quando se submete um gás puro ou um sólido puro a um aumento de pressão, eles se liquefazem. O que a prática e a experiência mostram é que o estado físico de uma substância pura depende dos valores de pressão (P) e temperatura

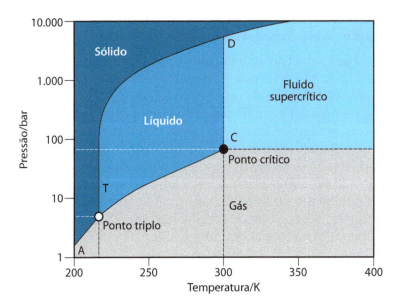

Figura 1.8
Diagrama de fases para o dióxido de carbono (1 bar = 0,9869 atm).

(T). Isto permite a construção de um diagrama de fases com P versus T, que permite determinar, para cada conjunto de valores de pressão e de temperatura, o estado físico da substância. Um exemplo de diagrama pode ser visto na Figura 1.8 para o dióxido de carbono.

O gráfico apresenta três linhas importantes. A linha TC separa as regiões de ocorrência dos estados líquido e gasoso. O líquido entrará em ebulição sempre que sua pressão de vapor (tendência de escape das moléculas para o exterior) se igualar à pressão externa ou atmosférica. Os pares de coordenadas de pressão e temperatura que caem sobre esta linha correspondem aos pontos de ebulição respectivos, e caracterizam situações de equilíbrio entre os estados líquidos e gasosos.

A linha TD separa a região de ocorrência do sólido da região da fase líquida. Os pares de coordenadas de pressão e temperatura que caem sobre essa linha correspondem aos pontos de fusão. Quando o dióxido de carbono estiver submetido a essas condições, coexistirão os dois estados, sólido e líquido, em equilíbrio.

A linha AT separa as regiões de ocorrência dos estados sólido e gasoso. À semelhança das situações anteriores, pares de coordenadas de pressão e temperatura que caem sobre essa linha correspondem às temperaturas de sublimação do sólido naquelas pressões.

Para saber do estado físico do dióxido de carbono em uma dada temperatura e pressão, basta determinar a que região (sólido, líquido ou gasoso) as respectivas coordenadas de pressão e temperatura correspondem. Submetido a baixas pressões e temperaturas, o CO_2 é gasoso. Para que exista dióxido de carbono líquido a 25 °C é necessário que haja uma pressão de 67 atm. Por outro lado, se o CO_2 sólido estiver sob a pressão de 1 atm, vê-se do gráfico que ele sublimará, ou seja, passará diretamente para o estado de vapor, sem passar pela forma líquida. A temperatura de sublimação à pressão de 1 atm é $-78,1$ °C (195 K).

Merece destaque o ponto T do diagrama de fase. Ele é chamado ponto tríplice, porque nele coexistem os três estados físicos, sólido, líquido e gasoso, em equilíbrio. As coordenadas de pressão e temperatura desse ponto são únicas. Para o CO_2 o ponto tríplice tem as seguintes coordenadas:

$$P = 5,2 \text{ atm e } T = -56,6 \text{ °C } (216,5 \ K).$$

O ponto C situa-se sobre o final da curva TC e recebe o nome de ponto crítico. Os valores das coordenadas do ponto crítico recebem o nome de pressão crítica, PC, e temperatura crítica, TC. O detalhe importante é que acima de TC e PC perde-se a distinguibilidade entre os estados líquido e gasoso. Atinge-se um estado inusitado chamado supercrítico e o material é classificado como sendo um fluido supercrítico. Para o dióxido de carbono os valores críticos são PC = 73,0 atm e TC = 31 °C.

Na Tabela 1.3 podemos comparar as propriedades do dióxido de carbono gasoso, líquido e no estado supercrítico.

Fluidos supercríticos têm uma grande utilidade como agentes de extração. Em razão de suas boas propriedades como solubilizante, bem como da facilidade com que são eliminados do material extraído, encontram emprego crescente na indústria. Por exemplo, o dióxido de carbono supercrítico é usado para produzir café descafeinizado, de grande aceitação pelos consumidores preocupados com as propriedades estimulantes da bebida. Nesse caso, ele re-

Tabela 1.3 – Propriedades do CO_2 gasoso, líquido e supercrítico

Fase	Densidade/g L^{-1}	Viscosidade/g $cm^{-1} s^{-1}$
gás a 1 atm	10^{-3}	10^{-4}
fluido supercrítico	0,2 a 0,9	10^{-3}
líquido	1	10^{-2}

tira, por solubilização, a cafeína dos grãos do café. Reduzindo a pressão, o solvente supercrítico evapora, deixando como produto adicional a cafeína livre e muito pura, pronta para diversos usos, como a fabricação de remédios ou produção de refrigerantes tipo cola.

O dióxido de carbono supercrítico também é usado na fabricação de batatinhas fritas do tipo Pringles@ que podem permanecer embaladas por muito tempo, ou seja, têm longa vida nas prateleiras dos supermercados. Nesse caso, depois de fritas, o óleo residual que as impregna é extraído com o fluído supercrítico e recuperado para continuar no processo de fritura.

A extração com fluidos supercríticos terá emprego crescente na indústria alimentícia e químico-farmacêutica porque, além de eficiente, não deixa resíduos no material extraído. Nessas linhas, um dos supercríticos que reúne maiores vantagens é o dióxido de carbono, pois não é tóxico, é pouco reativo, é obtido com alta pureza a baixo custo, tem valores baixos de pressão e temperatura críticas e é um gás à pressão ambiente. Proporciona, além disso, uma importante utilidade para um gás presente na atmosfera, cujo aumento de concentração tem sido um dos responsáveis pelo aquecimento global do planeta.

Soluções

A solução representa uma mistura homogênea de dois ou mais componentes, e pode ser gasosa, líquida ou sólida. Normalmente, esse termo é mais empregado para líquidos.

Misturas de gases, que sempre são miscíveis em qualquer proporção, também podem ser classificadas como soluções gasosas. Por outro lado, misturas homogêneas de sólidos, como o latão – liga metálica de cobre e zinco – também poder ser classificadas como soluções sólidas.

A dissolução de uma substância molecular ou iônica (soluto) em um solvente resulta em uma solução, onde as moléculas ou íons do soluto encontram-se solvatadas, ou seja, envolvidas pelas moléculas do solvente. A solvatação é o fenômeno mais importante no processo de solubilização de uma substância em um solvente.

Quando o soluto é um sólido, sua solubilização só será possível se a energia de solvatação for maior que a energia reticular (no caso de cristais iônicos) ou de agregação (no caso de cristais moleculares). Em outras palavras, a interação das moléculas ou íons do soluto deve fornecer energia suficiente para quebrar as ligações existentes no estado sólido. Quando isso não se verifica, a substância se diz pouco solúvel ou, em casos extremos, insolúvel no solvente em questão.

A mistura de dois líquidos dependerá das forças que atuam entre as moléculas. Um líquido apolar apresenta interações do tipo van der Waals, também denominadas interações hidrofóbicas. Um líquido polar com pontes de hidrogênio, como a água, apresenta forte associação intermolecular, formando uma verdadeira rede de interações no meio líquido. Moléculas apolares, ou hidrofóbicas, não conseguem se intercalar nessa rede, pois não são capazes de interagir com as moléculas de água. Dessa forma, são excluídas do meio aquoso, e se separam como uma fase imiscível, de natureza apolar. Por essa razão, de modo geral, substâncias apolares só se misturam entre si, o mesmo ocorrendo com as substâncias polares. Já é bem conhecido que água e óleo não se misturam.

Algumas substâncias apresentam grupos polares e apolares na mesma molécula. É o caso do álcool etílico, ou etanol, CH_3CH_2OH. Essas substâncias conseguem se dissolver tanto em solventes polares como apolares. Existe um grande número de substâncias que apresentam grupos polares ou iônicos, combinados com grupos apolares na mesma molécula. Essas substâncias são denominadas anfifílicas, e atuam como detergentes.

Introdução **31**

Unidades de concentração

A quantidade de um soluto em solução pode ser especificada por várias unidades.

a) concentração em mol por litro ($mol\ L^{-1}$)

A unidade do Sistema Internacional destinada à especificação da quantidade de substância é o mol. Quando alguém perguntar: *Qual a quantidade da substância presente?* – a resposta deverá expressar o respectivo valor, em mol.

A concentração em mol por litro indica a quantidade de soluto presente em um litro de solução. No passado, essa unidade recebeu o nome de molaridade e se falava, por exemplo, em soluções 0,1 molar. Atualmente, as normas internacionais recomendam o abandono da locução *molaridade* e *molar*, como unidade de concentração.

Se em um volume, V, (medidos em litros, L) de solução existir uma massa m de soluto, correspondente a n mol, a concentração, M, em mol por litro, será,

$$M = n_{soluto}/V_{solução}$$

onde,

$$n_{soluto} = massa_{soluto}/massa\ molecular_{soluto}.$$

A concentração em mol por litro é usada na maioria dos trabalhos científicos, tecnológicos e educacionais em química.

b) concentração em mol por quilograma ($mol\ kg^{-1}$)

Essa unidade – que expressa à quantidade de soluto presente em 1 quilograma de solvente – pode ser vantajosa sobre a anterior porque não varia com a temperatura. De fato, se as massas são independentes de T, o mesmo não ocorre com os volumes. Essa unidade já foi chamada *molalidade* ou *concentração molal*, mas as regras atuais de nomenclatura recomendam que se fale em concentração em mol por quilograma de solvente.

Se a massa de solvente for m_{solv}, a concentração em mol por quilograma de solvente será dada por,

$$m = n_{soluto}/m_{solvente}$$

onde,

$$n_{soluto} = m_{soluto}/\text{massa molecular}_{soluto}.$$

c) concentração em grama por litro (g L^{-1})

Esta é a unidade mais simples e se refere à massa do soluto existente em um litro de solução. Se uma massa m_{soluto}, em grama, de soluto for dissolvida em V litros de solução, a concentração em gramas por litro será:

$$c = m_{soluto}/V_{solução}.$$

d) concentração em fração molar

É usada, geralmente, quando se trabalha com substâncias não eletrolíticas. Em uma solução com dois ou mais componentes, presentes nas quantidades $n_1, n_2 \ldots n_n$ mol, as respectivas frações molares são:

$$X_i = \frac{n_i}{n_1 + n_2 + \cdots n_n}.$$

e) concentração em partes por milhão (ppm)

Esta é uma unidade prática, não recomendada oficialmente, porém ainda usada com frequência na Química Analítica e Química de Alimentos. Expressa quantas unidades de soluto existem em 1.000.000 de unidades de solução. As unidades podem ser de massa ou de volume.

A indicação das concentrações em ppm pode ser feita tanto para soluções líquidas, como gasosas e sólidas.

f) conversão de unidades mol/L para mol kg^{-1}

Seja d a densidade da solução, M sua concentração em mol L^{-1} e m a concentração em mol kg^{-1} de solvente. A relação entre M e m pode ser obtida considerando que

$$m = n_{soluto}/m_{solvente}$$

$$M = n_{soluto}/V_{solução} \qquad n_{soluto} = M \cdot V_{solução}$$

$$m_{solvente} = m_{solução} - m_{soluto}$$

$$m_{solvente} = d \cdot V_{solução} - n \cdot \text{V}_{solução} \cdot (\text{massa molecular}_{soluto}).$$

Portanto,

$$m = \frac{M \cdot V_{solução}}{d \cdot V_{solução} - n \cdot V_{solução} - (\text{massa molecular soluto})}$$

ou

$$m = \frac{M}{d_{solução} - n(\text{massa molecular do soluto})}.$$

Nesta expressão, d deve ser tomado em kg L^{-1} e a massa molecular do soluto em kg, para ser coerente com as unidades empregadas em M (mol L^{-1}) e m (mol kg^{-1}).

Quando se trabalha com soluções diluídas, ou seja, em concentrações $M < 0,1$ mol L^{-1}, o produto n_{soluto} (massa molecular do soluto) pode ser desprezado, e a densidade da solução se aproxima da densidade do solvente, tal que

$$m = M/d_{solvente}.$$

Nesta situação, basta conhecer a densidade do solvente, tomada em kg L^{-1}, para calcular a concentração em mol kg^{-1} de solvente.

Quando se trabalha com soluções aquosas diluídas, a densidade do solvente (água) é muito próxima de 1 kg L^{-1}, e, portanto,

$$m = M \text{ (numericamente)}.$$

g) diluição de soluções

O que acontece quando a um volume V de uma solução de concentração M = mol/L se junta solvente até um novo volume final, V'? É claro que a concentração M' resultante será menor. Contudo, a quantidade de soluto não variou, de tal maneira que partindo da relação $M = n_{soluto}/V_{solução}$, pode-se escrever $n_{soluto} = M \cdot V_{solução}$.

Portanto,

$$M \cdot V_{solucão\ inicial} = M'V'_{solução\ final}.$$

Da mesma forma, quando se dilui um volume de uma solução de concentração $c = g\,L^{-1}$, as concentrações original (c) e resultante (c') guardam a relação

$$c \cdot V_{solução\ inicial} = c'V'_{solução\ final}.$$

Propriedades coligativas

A pressão de vapor do solvente (P_A) reflete uma tendência natural de escape das moléculas, em decorrência da própria energia cinética, para o meio externo à fase líquida. Para isso, as moléculas precisam vencer a pressão externa atuante, como é o caso da pressão ambiente = 1 atm ou $1,01325 \times 10^5$ Pa. Quando P_A = 1 atm, o solvente entra em ebulição.

Verifica-se que as propriedades de um solvente A, como sua pressão de vapor e as temperaturas de fusão e ebulição são modificadas pela presença de um soluto (B) não volátil, estabelecendo um vínculo coligativo entre ambos.

Em termos ideais, considera-se que a interação soluto–solvente seja comparável à interação solvente–solvente, de modo que a mistura dos dois componentes ocorra sem evolução ou absorção de calor. O efeito coligativo pode ser explicado pelo fato de a presença de moléculas de soluto não volátil diminuir o número relativo de moléculas de solvente na interface e, portanto, sua tendência de escape. Em decorrência, a pressão de vapor do solvente na solução sofrerá uma diminuição em relação à da forma pura, como pode ser visto na Figura 1.9.

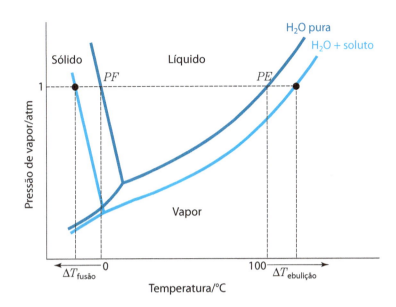

Figura 1.9
Diagrama de fases do solvente puro (água), mostrando o abaixamento da pressão de vapor provocado pela presença de molécula de soluto não volátil na solução.

A pressão de vapor (P_A) dependerá do número relativo de moléculas de solvente (n_A), normalmente expresso sob a forma de fração molar $X_A = n_A/(n_A + n_B)$. Essa proposição é conhecida como Lei de Raoult:

$$P_A = X_A P_A^o$$

onde, P_A^o corresponde à pressão de vapor do líquido puro.

Considerando que a fração molar do soluto é igual a $X_B = n_B/(n_A + n_B)$, e que $X_A + X_B = 1$,

$$\Delta P = P_A^o - P_A = P_A^o - X_A P_A^o = (1 - X_A)P_A^o.$$

Visto que $X_B = (1 - X_A)$ então

$$\Delta P = X_B P_A^o.$$

Portanto, a variação de pressão de vapor será diretamente proporcional à concentração do soluto B. Em soluções diluídas, o número de moléculas do soluto é muito menor que o número de molécula do solvente, tal que $X_B \gg n_A/n_B$.

Considerando uma massa igual a 1.000 g do solvente, a quantidade molar de A será igual à n_A = 1.000/massa molar = 1.000/M_A). Dessa forma, $X_B = n_B M_A/1.000$

e, portanto,

$$\Delta P = X_B P_A^o = n_B M_A P_A^o/1.000.$$

Como $M_A P_A^o/1.000 = \text{constante} = k$

$$\Delta P = k\, X_B.$$

Assim, uma solução que contém 1 mol de NaCℓ por litro de água, terá um abaixamento na pressão de vapor igual a,

$$\Delta P = (1,0\ \text{mol})(18\ \text{g mol}^{-1})(1,0\ \text{atm})/(1.000\ \text{g}) =$$
$$= 0,018\ \text{atm}$$

pois, $M_A = 18$ e $P_A^o = 1$ atm (no ponto de ebulição).

Conforme pode ser visto no diagrama de fases, o abaixamento na pressão de vapor é acompanhado proporcionalmente por uma elevação na temperatura de ebulição do solvente ou abaixamento da temperatura de fusão (congelamento do solvente), tal que

$$\Delta T_{\text{ebulição}} = k_{\text{ebulição}}\, X_B$$
$$\Delta T_{\text{fusão}} = k_{\text{fusão}}\, X_B.$$

No caso da água, $k_{\text{ebulição}}$ foi determinado experimentalmente como $0,512\ ^\circ C$, e $k_{\text{fusão}} = 1,86\ ^\circ C$. Portanto, a partir da determinação de $\Delta T_{\text{ebulição}}$ ou $\Delta T_{\text{fusão}}$ é possível calcular a fração molar do soluto B e, dessa forma, também a massa molar dessa espécie. Esse recurso, conhecido há mais de um século, tem sido usado com frequência para a determinação da massa molar dos compostos, utilizando apenas um termômetro como instrumento de medida.

Destilação

Como já foi mencionado, a pressão de vapor representa uma tendência de escape das moléculas do solvente para o meio externo. Esse processo é espontâneo, e é afetado pela presença de moléculas do soluto dissolvidas na solução. Uma maneira simples de verificar isso está mostrada na Figura 1.10.

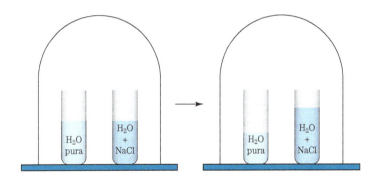

Figura 1.10
Em uma campânula completamente vedada estão dois recipientes contendo volumes iguais, um com o solvente puro, e outro com uma solução de um componente não volátil dissolvido nesse mesmo solvente. Com o tempo, o volume do solvente puro diminuirá e o da solução, ao contrário, aumentará, indicando a passagem espontânea das moléculas do solvente de um frasco para o outro.

Se os dois componentes de uma solução ideal forem voláteis, a pressão de vapor de cada um deles será diminuída proporcionalmente à sua fração molar, em concordância com a Lei de Raoult:

$$P_A = X_{A,\text{líquido}} P_A^o$$
$$P_B = X_{B,\text{líquido}} P_B^o.$$

A pressão de valor total será dada pela soma $P_A + P_B$. Fornecendo calor, essa pressão crescerá progressivamente até se igualar à pressão atmosférica externa, tendo início o processo de ebulição do solvente. A composição da fase de vapor, ($X_{A,\text{vapor}}$) pode ser calculada a partir das pressões parciais, e é diferente da composição da fase líquida ($X_{A,\text{líquido}}$)

$$X_{A,\text{vapor}} = P_A/(P_A + P_B).$$

Verifica-se que a fase de vapor é mais rica no componente mais volátil do que a fase líquida com a qual está em equilíbrio. Isso permite separar os componentes de uma mistura por meio da destilação fracionada.

Osmose

Existem membranas, como as encontradas nos intestinos, que permitem apenas a passagem da água, e não dos solutos presentes em solução. Essas membranas são denominadas semipermeáveis, e podem ser feitas artificialmente utilizando-se polímeros adequados. Outra maneira extremamente simples consiste em precipitar o complexo hexacianidoferrato(III) de cobre(II), $Cu_3[Fe(CN)_6]_2$, nas cavidades de uma cerâmica porosa. Quando uma membrana semipermeável é colocada entre a água pura e uma solução aquosa, previamente niveladas em um tubo com formato de U, ocorrerá uma migração espontânea da água para a solução, em razão da maior tendência de escape, que é proporcional ao número de moléculas do solvente. Esse fenômeno é conhecido como osmose, e pode ser visualizado pelo desnível das soluções no tubo em U, como mostrado na Figura 1.11.

Esse processo continua até que a pressão hidrostática do outro lado da coluna se iguale à pressão de escape das moléculas do solvente puro, ou pressão osmótica (p). A pressão de escape pode ser equacionada supondo um modelo semelhante ao da difusão das moléculas gasosas, expresso por

$$\pi V = n\,R\,T$$

onde, π = pressão osmótica, V = volume (L) da solução, n = quantidade em mol do soluto, R = constante dos gases, T = temperatura absoluta.

A proporcionalidade entre a pressão osmótica e a quantidade em mol do soluto é parecida com a observada para a pressão de vapor e, por isso, também se enquadra no contexto das propriedades coligativas.

Para uma solução de 1 mol dm^{-3} de açúcar em água, a pressão osmótica será

$$\pi = (n/V)\,RT = RT = 22{,}4 \text{ atm.}$$

Esse cálculo nos mostra que a pressão osmótica é muito elevada, permitindo trabalhar com soluções diluídas, com grande sensibilidade. Por meio da avaliação da concentração das espécies dissolvidas, temos um meio eficaz de determinar as suas massas moleculares. Esse método tem sido aplicado a uma gama de compostos químicos, incluindo biomoléculas como as proteínas.

Por outro lado, a pressão osmótica equivale à pressão que deve ser aplicada à solução, para evitar a migração espontânea das moléculas do solvente puro, através da membrana semipermeável. Quando a pressão aplicada supera o

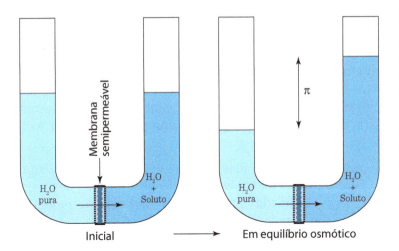

Figura 1.11
O sistema em U contém um depósito de água pura e outro de solução de açúcar ou outro soluto, separados por uma membrana semipermeável. A migração espontânea da água pura para o outro lado produz um desequilíbrio hidrostático nas duas colunas, igual à pressão osmótica.

valor da pressão osmótica, ocorre um processo conhecido como osmose reversa. Esse processo vem sendo utilizado nos laboratórios para obter água desionizada, com baixíssimos teores de sais dissolvidos. Sua evolução tem sido muito expressiva nos últimos anos, com o desenvolvimento de membranas nanoporosas especialmente projetadas para essa finalidade. Países como Israel e Austrália já vêm utilizando a osmose reversa para a obtenção de água pura a partir da água do mar.

Coloides e micelas

Quando a concentração de um soluto atinge o limite de solubilidade em um dado solvente, é comum ocorrer a agregação das moléculas ou íons, formando partículas microscópicas. Essas partículas geralmente constituem núcleos de formação de sólidos precipitados; entretanto, muitas vezes elas permanecem em solução formando coloides. As partículas coloidais apresentam tamanhos compreendidos tipicamente entre 10 nm e 10 μm, e permanecem em suspensão por muito tempo sem sofrer sedimentação.

Enquanto as soluções verdadeiras são sempre transparentes, independente de sua coloração, as soluções coloidais espalham fortemente a luz, permitindo a visualização de um feixe que a atravessa. Esse efeito é conhecido como espalhamento Tyndall.

As soluções coloidais, ao contrário das verdadeiras, podem apresentar separação de fases por meio da adição de um eletrólito (sal). Isso acontece porque a estabilidade do sistema coloidal se deve ao fato de as partículas, em geral, estarem carregadas eletricamente, o que determina a sua constante repulsão, impedindo o ajuntamento que determinaria a separação de fases. Elas adquirem cargas por meio de dois mecanismos principais:

a) por adsorção: os íons adicionados a uma solução com partículas coloidais se ligam às suas superfícies pelas forças originadas por efeitos de polarização induzida, tipo íon–dipolo.

b) por ionização: se a partícula coloidal for constituída por uma substância capaz de ionizar, como um ácido, então o processo de ionização originará cargas superficiais.

Quando se junta um eletrólito, os íons originados neutralizam as cargas superficiais das partículas coloidais, extinguindo o efeito estabilizador ou repulsivo que as mantinham estáveis, provocando a sua precipitação.

Os fatos aqui apontados explicam a formação da ilha do Marajó na foz do rio Amazonas. O grande rio, em seu caminho rumo ao mar, vai desbarrancando as margens, que são de terra (silicatos). Os silicatos são ionizáveis e dão origem a um coloide (as águas barrentas do rio), estabilizado por cargas elétricas geradas pelo processo. Ao abraçar o oceano no final de seu trajeto, o sal (eletrólito) neutraliza as cargas superficiais, desmanchando o coloide e provocando sua precipitação. Por essa razão, ilhas e deltas são frequentes na foz de rios que desaguam no mar.

Uma classe muito importante de coloides se origina dos sabões e detergentes. Esses materiais têm propriedades anfifílicas, ou seja, reúnem duas características opostas, a saber, manifestam simultaneamente afinidade por água e por solventes orgânicos.

Os sabões são sais, em geral de sódio, de ácidos graxos, que, por sua vez, são ácidos carboxílicos com mais de sete carbonos. Quando se dissolvem em água, sofrem o processo de dissociação, originando cátions sódio e ânions carboxilato. O ânion carboxilato é de natureza anfifílica, porque apresenta uma cadeia orgânica – tipicamente solúvel em óleos, ou *lipofílica* – e um grupo iônico, o carboxilato, solúvel em água, ou *hidrofílico*. Em outras palavras, o carboxilato exibe uma ambivalência, a de possuir grupos de propriedades antagônicas, um lipofílico (hidrofóbico), e outro lipofóbico (hidrofílico).

Quando o sabão se dissolve em água, os íons anfifílicos tendem a se reunir em agregados esféricos, de tal modo que os grupos iônicos fiquem em contato com água e as cadeias hidrocarbônicas se disponham voltadas para o interior, evitando o contato com a água. Os agregados são chamados micelas e o coloide resultante é chamado de *associação*, pois resulta da reunião dos íons anfifílicos.

A micela, geralmente, é constituída por 50 a 100 anfifílicos e sofre processos de rompimento e reestruturação permanentes, de tal modo que o tempo de vida de um agregado é da ordem de milissegundos.

Os detergentes são anfifílicos constituídos por substâncias cujo grupo iônico não é carboxilato. Os mais comuns são alquil-derivados sulfatados ($R—O—SO_3^-$, R = alquil) ou sulfonados ($R—SO_3^-$). O detergente mais empregado em indústrias e no uso doméstico é o lauril (também chamado dodecil) -benzeno-sulfonato de sódio,

$$C_{12}H_{25}—C_6H_4—SO_3^-Na^+.$$

A ação desengordurante dos sabões e detergentes se deve ao chamado *efeito de solubilização*. A gordura é insolúvel em água. Por isso, se for removida de uma superfície por simples ação de água e esfregamento, ela voltará a se depositar. Na presença de íons anfifílicos, as gotas de gordura, originadas da ação de esfregamento sobre a superfície engordurada são invadidas pela porção lipofílica (hidrocarbônica) do detergente ou sabão, que deixa sobre a superfície em contato com a água, a porção carregada, hidrofílica. O resultado desse processo é que as gotas de gordura ficam revestidas de cargas e, consequentemente, passam a se repelir, produzindo um coloide estável. É esse coloide, no qual a gordura foi solubilizada, que é descartado e enxaguado, deixando as superfícies limpas.

A condição de o detergente apresentar grupo iônico diferente de carboxilato conduz à existência de anfifílicos aniônicos e catiônicos. Os exemplos do parágrafo anterior correspondem aos detergentes aniônicos. Detergentes catiônicos muito utilizados são derivados de aminas que têm cadeias hidrocarbônicas de mais de sete átomos de carbono. Em geral são sais de amônio, frequentemente ternários e quaternários, com estruturas do tipo:

$$[R\text{—}N^+(CH_3)_2\text{—}H]Cl^-$$
$$[R\text{—}N^+(CH_2)_3]Cl^-.$$

O íon anfifílico originado desses detergentes tem uma carga positiva e a cadeia hidrocarbônica tem, em geral, de 12 a 16 carbonos de extensão.

Existem também os detergentes não iônicos, que são espécies anfifílicas sem carga, mas com grupos que apresentam momento de dipolo. Os mais comuns são os derivados polioxietilênicos, de fórmula geral

$$RX(CH_2CH_2O)_nH$$

onde o grupo RX é um derivado de alcoóis, fenóis, alquilaminas ou alquiamidas. Os detergentes não iônicos são muito eficientes para estabilizar produtos tão diferentes quanto cremes, loções, shampoos, ceras líquidas, fungicidas, formulações antiestáticas (isto é, que evitam o acúmulo de cargas elétricas), para lavagem a seco de roupas, de lubrificantes e de agroquímicos. Além disso, não são tóxicos e são biodegradáveis, ou seja, se decompõem pela ação de micro-organismos.

As principais vantagens dos detergentes sobre os sabões são as seguintes:

a) Os derivados dos ácidos carboxílicos (sabões) formam sais insolúveis com os íons alcalinoterrosos Mg^{2+} e Ca^{2+}. Estes íons são encontrados naturalmente nas águas duras, que ocorrem em regiões de solo calcário. A formação dos produtos insolúveis leva à perda do poder de limpeza e, na prática, verifica-se que nem mesmo espuma se forma. Os detergentes não apresentam este problema, mantendo-se eficientes mesmo em águas duras.

b) A solubilidade dos detergentes em água é maior que a dos sabões, o que aumenta a eficiência na limpeza de sujidades intensas.

c) Os sabões fornecem sempre soluções alcalinas, por causa da hidrólise do ânion de ácido fraco, que conduz ao aparecimento do ânion hidróxido:

$$R\text{---}COO^- + H_2O \rightarrow R\text{---}COOH + OH^-.$$

Os detergentes, especialmente os aniônicos, permitem controle da acidez, ensejando o preparo de soluções que cobrem toda a gama de pH.

Cristais Líquidos

Existem moléculas que apresentam cadeias lineares como as mostradas na Figura 1.12 com dipolos capazes de se orientar na presença de um campo elétrico, formando filmes auto-organizados.

A orientação dessas moléculas pode levar à formação de três tipos de fases: nemática, esmética e colestérica (ou nemática quiral), conforme ilustrado na Figura 1.13.

Essas moléculas são utilizadas atualmente em dispositivos visuais de cristal líquido, como as telas de microcomputadores, celulares, relógios e calculadoras. O fun-

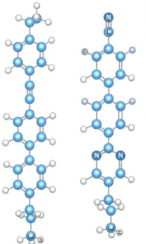

Figura 1.12
Exemplos de moléculas que apresentam propriedades de orientação em campo elétrico, formando cristais líquidos.

Figura 1.13
Tipos de cristais líquidos, em função das fases envolvidas. As moléculas são representadas pelos contornos ovais, e formam uma fase orientada contínua (nemática), em bandas (esmético) ou com desvio angular (colestérico).

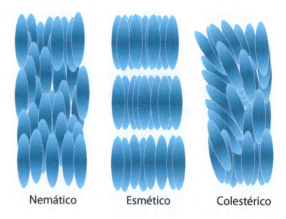

Nemático   Esmético   Colestérico

cionamento dessas telas é baseado em moléculas que se orientam na presença de campo elétrico ou magnético, permanecendo orientadas como se estivessem em um cristal, porém no estado líquido. Em razão da orientação, as propriedades do líquido se tornam anisotrópicas, ou seja, são diferentes quando medidas na direção do alinhamento das moléculas ou na direção perpendicular. Em virtude disso, os cristais líquidos alteram as propriedades dielétricas do meio, modificando a passagem de um feixe de luz através da birrefringência. Aumentando o número de duplas ligações conjugadas, intensifica-se a polarizabilidade e a birrefringência líquida cristalina. Pela introdução de grupos polares, o processo de orientação pelo campo elétrico é facilitado, melhorando a resposta do dispositivo visual.

Por meio da tecnologia, as telas de cristais líquidos evoluíram para um nível de alta resolução e definição, com a criação da chamada matriz ativa. Esse tipo de tela emprega um filme fino de transistores (TFT) ao cristal líquido para comandar a resposta de cada pixel e melhorar a imagem.

Filmes Moleculares e Poliméricos

Outra forma de depositar filmes moleculares ordenados é pela técnica de Langmuir-Blodget, ou LB. Hoje, qualquer trabalho que envolva a formação de filmes sobre superfícies acabará levando aos trabalhos clássicos de adsorção de moléculas realizados por Irving Langmuir (Prêmio Nobel de 1932), no laboratório da General Electric, no início do século passado. Entretanto, deve ser dito que a técnica de formação de filmes moleculares foi na realidade desenvolvida por Katharine Blodgett, colega de Langmuir na GE. Ela havia notado que substâncias lipofílicas, como os óleos de uso doméstico, quando aplicadas em microquantidades sobre a superfície da água, formam filmes de espessura molecular. Existem experimentos didáticos que ilustram isso, recobrindo a superfície da água com um pó fino, como o talco, e aplicando uma microgota de óleo. Forma-se um círculo, cuja imagem é delimitada pelas partículas na superfície. Frequentemente, esse fenômeno pode ser observado nas mais diferentes situações. Veja o que acontece com a superfície de uma poça de água, quando você descasca uma mexerica nas proximidades.

As moléculas nesse tipo de filme se auto-orientam de forma que a parte mais polar, ou hidrofílica, fica dirigida para a superfície da água, deixando a extremidade hidrofóbica em contacto com o ar, como ilustrado na Figura 1.14. A seguir, o filme pode ser compactado longitudinalmente por meio de leve compressão mecânica, para ser transferido para uma placa ou superfície plana fazendo sua imersão e remoção controlada. Blodgett e Langmuir relataram, em conjunto, essa nova metodologia de formação de filmes moleculares na revista *Journal of American Chemical Society*, em 1935, e, deste então, esse tem sido um dos trabalhos mais citados na literatura científica.

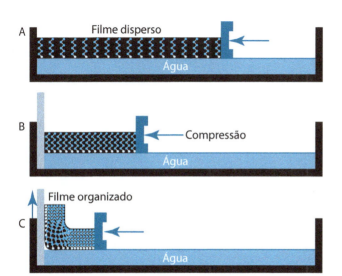

Figura 1.14
Ilustração autoexplicativa da técnica de Langmuir-Blodgett para a formação de filmes moleculares.

Filmes moleculares com diferentes graus de organização, também podem ser depositados por cobertura simples e evaporação de solução (técnica de *dip-coating*), aplicando-se ou não rotação (técnica de *spin-coating*), ou por deposição de vapores químicos gerados por aquecimento da substância. Geralmente os filmes são formados por deposição de camadas de moléculas, principalmente nos casos que apresentam tendência a empilhamento por forças intermoleculares, ou por deposição de fibras moleculares, como é o caso de polímeros, formando uma espécie de trama, como se fosse um tecido. Quando as moléculas tendem a formar cristais ou agregados policristalinos, os filmes apresentam características de material particulado.

CAPÍTULO 2

ENERGÉTICA E EQUILÍBRIO

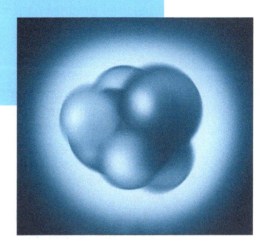

As reações químicas são sempre acompanhadas de perda ou absorção de energia, que são percebidas normalmente como calor, luz e eletricidade, ou pela realização de um trabalho. Às vezes, as quantidades envolvidas são tão pequenas que passam despercebidas ao observador.

Todo sistema tem sua energia interna, U, formada pelo conjunto das energias cinéticas e potenciais armazenadas sob a forma do conteúdo eletrônico, incluindo as ligações químicas, e dos movimentos interatômicos vibracionais e rotacionais.

$$\Delta U = \Delta(\text{Energias atômicas}) + \Delta(\text{Energia de ligações}) + \\ + \Delta(\text{Energias vibracionais e rotacionais}).$$

As variações energéticas envolvendo calor podem ser racionalizadas por meio da **termodinâmica**, que em seu primeiro princípio estabelece:

Ao fornecer calor, **q**, *a um sistema, este levará a uma variação na sua energia interna,* ΔU *e realização um trabalho,* **w**.

$$q = \Delta U + w.$$

O trabalho utiliza principalmente as energias translacionais para produzir um deslocamento, ou expansão de volume, como é o caso dos gases. Normalmente, as transformações são feitas sob pressão atmosférica normal, que pode ser considerada constante para uma dada região. Quando ocorre expansão de um gás, o trabalho realizado é igual ao produto da pressão P pela variação de volume, ΔV, ou seja,

$$w = P\,\Delta V.$$

A relação entre energia e trabalho dá um sentido mais amplo ao primeiro princípio da termodinâmica, quando enunciado como um princípio de conservação de energia: *Na Natureza, a energia não se cria e nem se destrói, apenas se transforma.* Esse princípio pode ser transposto para a conservação da matéria, pela famosa equação de Einstein, $E = mc^2$. Joule (1818-1889) demonstrou que o trabalho pode ser convertido em calor, chegando à relação 1 cal = 4,05 J; resultado muito próximo do valor de conversão (4,184) usado atualmente.

Também é importante distinguir o sentido em que ocorre a troca de calor, ou seja, sistema $\rightarrow$ ambiente ou ambiente $\rightarrow$ sistema. Por convenção, usa-se um sinal + quando sistema recebe calor (endotérmico) e sinal – quando o sistema libera calor (exotérmico).

Certas grandezas, como pressão (P), temperatura (T) e volume (V) são conhecidas como funções de estado. Elas se relacionam diretamente com um dado estado, independentemente da forma como foi alcançado. Com isso, é possível calcular sua variação, simplesmente fazendo as diferenças entre os valores por ela assumidos nos estados inicial (1) e final da transformação (2), ou seja,

$$\Delta P = P_2 - P_1$$
$$\Delta T = T_2 - T_1$$
$$\Delta V = V_2 - V_1.$$

As três variáveis, P, T, V estão correlacionadas por meio da equação dos gases ideais,

$$PV = nRT.$$

Assim, conhecendo-se duas das três variáveis, torna-se possível calcular a terceira.

Nas transformações que ocorrem sob pressão constante (como a atmosférica), o calor envolvido recebe o nome de entalpia, **H,** cujo símbolo é inspirado em *heat content* (conteúdo calorífico), e é uma função de estado. Assim como a energia interna, a entalpia é uma função de estado, e sua variação só depende do estado inicial e final.

Termoquímica

Um caso interessante é o das entalpias das reações mostradas a seguir:

$$C(\text{grafite}) + O_2\,(g) \rightarrow CO_2\,(g) \qquad \Delta H_1 = -393{,}5\text{ kJ mol}^{-1}$$

$$CO(g) + (1/2)O_2\,(g) \rightarrow CO_2\,(g) \qquad \Delta H_2 = -282{,}9\text{ kJ mol}^{-1}$$

$$C(\text{grafite}) + (1/2)O_2\,(g) \rightarrow CO\,(g) \quad \Delta H_3 = ?$$

Todos os dados apresentados foram determinados sob pressão de 1 atm. Os dois primeiros valores, ΔH_1 e ΔH_2 são facilmente obtidos por calorimetria, pois basta partir de grafite puro ou de monóxido de carbono (CO), juntar quantidade conhecida de oxigênio, reagir e medir. Quanto ao terceiro valor, ΔH_3, trata-se de uma entalpia associada a uma reação de difícil execução, porque ao se reagir carbono com quantidades de oxigênio inferiores às estequiométricas, formam-se misturas de CO e CO_2, e não apenas CO.

O fato de a entalpia ser uma função de estado torna possível obter ΔH_3. Utilizando a propriedade de função de estado,

$$\Delta H_1 = \Delta H_2 + \Delta H_3.$$

Portanto, $\Delta H_3 = \Delta H_1 - \Delta H_2 = -393{,}5 - (-282.9) = -110{,}6$ kJ mol^{-1}.

Assim, a variação de entalpia global só depende do estado inicial e final, não importando se o processo ocorre em uma ou mais etapas. Esse fato foi anunciado pela primeira vez por G. H. Hess (1802-1850), e é conhecido como Lei de Hess. Dessa forma, a entalpia de uma reação pode ser calculada com base nas entalpias das etapas intermediárias.

Condições padrão para medidas termodinâmicas

Para comparar calores de reação, tem-se que tê-los padronizados. Se não, têm-se valores obtidos em condições muito diferentes, portanto, sem possibilidade de confrontação. Para atingir este objetivo, foi definido um **estado padrão**, tal que:

a) se for um sólido, deverá estar na forma de substância pura, submetida à pressão de 1 atm.

b) se for um líquido, deverá estar na forma de substância pura e submetido à pressão de 1 atm.

c) se for uma solução, deverá estar na concentração 1 mol L^{-1} e submetida à pressão de 1 atm.

d) se for um gás, deverá ter um comportamento ideal e estar submetido à pressão de 1 atm.

A temperatura a que o sistema está submetido pode ter qualquer valor, mas deverá ser sempre especificada. Assim, ao apresentar o valor termodinâmico, chamar-se-á a atenção de que se trata da medida no estado padrão, na temperatura indicada.

É comum nos textos didáticos a confusão entre estado padrão e *condições ambientes de temperatura e pressão*. Estas últimas correspondem à temperatura de 25 °C e pressão de 1 atm. Existem também as *condições normais de temperatura e pressão*, que correspondem à temperatura de 0 °C e pressão de 1 atm. É importante não confundir todos esses conceitos. O ponto essencial, no estado padrão, é que haja pressão sempre igual a 1 atm.

Se a reação for executada de tal modo que se parte dos reagentes no estado padrão e se chega aos produtos, também no estado padrão, a variação de entalpia determinada será a *variação padrão de entalpia*, e será representada por $\Delta H°$, o superescrito zero, indicando estado padrão. A indicação do valor padrão deverá ser sempre acompanhada da referência à temperatura na qual foi determinado.

As entalpias de reação podem ser obtidas a partir de dados tabelados, de medidas realizadas no estado padrão.

Para essa finalidade, utilizam-se os conceitos de *reação de formação* e de *variação de entalpia de formação* ou, simplesmente, *entalpia de formação*.

Reação de formação é aquela na qual os produtos são formados a partir dos seus elementos, estando estes na forma de substâncias simples.

Se a reação de formação for executada no estado padrão, a variação de entalpia a ela associada será a variação padrão de entalpia de formação ou, simplesmente, a entalpia padrão de formação, simbolizada por ΔH_f^o.

Exemplos:

Entalpia padrão de formação da água:

$$H_2(g) + (1/2)O_2 (g) \rightarrow H_2O (\ell)$$
$$\Delta H_f^o = -285,8 \text{ kJ mol}^{-1} \text{ a } 25 \text{ °C}.$$

Entalpia padrão de formação do metano:

$$C(\text{grafite}) + 2H_2 (g) \rightarrow CH_4(g)$$
$$\Delta H_f^o = -393,5 \text{ kJ mol}^{-1} \text{ a } 25 \text{ °C}.$$

Entalpia padrão de formação da glucose:

$$6C(\text{grafite}) + 6H_2(g) + 3O_2(g) \rightarrow C_6H_{12}O_6$$
$$\Delta H_f^o = -1.274,0 \text{ kJ mol}^{-1} \text{ a } 25 \text{ °C}.$$

Uma dificuldade que pode surgir quando se considera o estado padrão é que os elementos podem apresentar várias formas alotrópicas ou polimórficas. Considera-se para a reação padrão de formação, aquela forma mais bem descrita no estado padrão, que em geral é a forma mais estável.

Exemplos:

oxigênio (O_2, O_3) $\rightarrow$ forma mais estável = O_2

carbono (diamante, grafite, fullereno etc.)
$\rightarrow$ forma mais estável = C (grafite)

enxofre (rômbico, monoclínico)
$\rightarrow$ forma mais estável = S_8 (rômbica)

fósforo (branco, vermelho, preto etc.)
$\rightarrow$ forma mais definida = P_4 (fósforo branco)

No caso do fósforo, a forma escolhida para o estado padrão – o fósforo branco, P_4 – não é a mais estável, mas é a mais bem descrita. A forma alternativa, fósforo vermelho é polimérica, e sua fórmula correta seria P_n, sendo n indefinido.

Considere, como exemplo, a síntese do metanol a partir do gás d'água (mistura de monóxido de carbono e hidrogênio):

$$CO\ (g) + 2\ H_2(g) \rightarrow H_3COH\ (\ell).$$

É possível construir um ciclo termodinâmico triangular, no qual a reação pode se processar por dois caminhos distintos:

$$CO(g) \rightarrow C(grafite) + (1/2)O_2(g) \qquad \Delta H^0_1 = -\Delta H^o_f(CO)$$

$$C(grafite) + (1/2)O_2(g) + 2H_2(g) \rightarrow H_3COH(\ell)$$
$$\Delta H^0_2 = \Delta H^o_f(CH_3OH)$$

$$CO(g) + 2H_2\ (g) \rightarrow H_3COH \qquad\qquad \Delta H^0 = ?$$

Pela propriedade de função de estado,

$$\Delta H^0 = \Delta H^0_1 + \Delta H^0_2.$$

Para o cálculo da entalpia de reação, o sinal da entalpia de formação do reagente está com sinal negativo porque se tomou o inverso da reação de formação do CO. A entalpia de formação do produto está tomada com seu sinal original, já que a reação de formação do metanol está representada no sentido correto (Tabela 2.1).

$$\Delta H^0 = \Delta H^o_f(H_3COH) - \Delta H^o_f(CO) = -238,6 - (-110,5) =$$
$$= -128,1\ kJmol^{-1}.$$

Para uma reação qualquer, poderemos generalizar:

$$aA + bB \rightarrow cC + dD$$
$$\Delta H^0 = \Sigma\Delta H^o_f(produtos) - \Sigma\Delta H^o_f(reagentes)$$

onde

$$\Sigma\Delta H^o_f(produtos) = c\Delta H^o_f(C) + d\Delta H^o_f(D)$$
$$\Sigma\Delta H^o_f(reagentes) = a\Delta H^o_f(A) + b\Delta H^o_f(B).$$

Por exemplo, para a reação de síntese do gás d'agua,

$$C(\text{grafite}) + H_2O(9) \rightarrow CO(g) + H_2(g)$$

$$\Sigma\Delta H_f^o(\text{produtos}) = \Delta H_f^o(CO) + \Delta H_f^o(H_2) = \Delta H_f^o(CO)$$

$$\Sigma\Delta H_f^o(\text{reagentes}) = \Delta H_f^o(C, \text{grafite}) + \Delta H_f^o(H_2O) = \\ = \Delta H_f^o(H_2O)$$

pois, $\Delta H_f^o(H_2) = 0$, e $\Delta H_f^o(C, \text{grafite}) = 0$, por se tratar de substâncias puras, no estado padrão.

Portanto,

$$\Delta H^o = \Delta H_f^o(CO) - \Delta H_f^o(H_2O).$$

Usando os valores tabelados. (Tabela 2.1),

$$\Delta H^o = -110,5 - (-240,9) = 130,4 \text{ kJ/mol}.$$

Ligações químicas

Para moléculas biatômicas, a entalpia de dissociação é igual à energia necessária para provocar sua ruptura, gerando os átomos correspondentes. Ela também é igual à energia de formação da molécula biatômica (energia de ligação), com sinal negativo, a partir dos átomos gasosos:

$$A + B \rightarrow A - B.$$

Por exemplo,

$H_2(g) \rightarrow 2\,H(g)$
   $\Delta H^o = 435$ kJ = Entalpia de dissociação da ligação H—H

$C\ell_2(g) \rightarrow 2\,C\ell(g)$
   $\Delta H^o = 242$ kJ = Entalpia de dissociação da ligação $C\ell$—$C\ell$

Essas entalpias correspondem às energias de ligação, com sinal trocado em relação à dissociação:

$$\Delta H_{AB} = -E_{AB}.$$

Conhecendo-se a entalpia de formação do HCℓ (g),

$$(1/2)H_2(g) + (1/2)C\ell_2(g) \rightarrow HC\ell\ (g)\ \Delta H^o = -92\ kJ\ mol^{-1}$$

é possível calcular a entalpia da ligação H—Cℓ. Basta somar as equações abaixo, com a anterior multiplicada por 2.

$$2H(g) \rightarrow H_2(g) \qquad\qquad \Delta H^o = -435\ kJ$$
$$+\ 2C\ell\ (g) \rightarrow C\ell_2(g) \qquad\qquad \Delta H^o = -242\ kJ$$

$$=\ 2H(g) + 2C\ell\ (g) \rightarrow 2HC\ell\ (g)\ \Delta H^o = -861\ kJ$$
$$ou\ -430\ kJ\ mol^{-1}$$

Portanto, para cada mol de HCℓ, $\Delta H = -430\ kJ\ mol^{-1}$. Esse valor corresponde à entalpia de ligação do H—Cℓ.

Termodinâmica e equilíbrio

Um equilíbrio químico é estabelecido quando processos de ida e de volta acontecem simultaneamente, deixando o sistema estacionário. Para compreender como se atinge um equilíbrio, é necessário lançar mão de dois conceitos, o de entropia e o de energia livre de Gibbs, também chamada função de Gibbs.

A entropia é definida pela Segunda Lei da Termodinâmica, como sendo uma função de estado, S, cuja variação é igual quociente do calor envolvido em transformação reversível (q_{rev}) pela temperatura (T).

$$\Delta S = \frac{q_{rev}}{T}\ .$$

A Segunda Lei da Termodinâmica estabelece que

Em transformações reversíveis, a entropia do Universo permanece constante,

porém,

Em transformações irreversíveis, a entropia do Universo aumenta.

A entropia do Universo deve ser entendida como a soma das entropias de sistema e do ambiente:

$$\Delta S_{universo} = \Delta S_{sistema} + \Delta S_{ambiente}.$$

Isso significa que, em transformações reversíveis, $\Delta S_{universo} = 0$, e em transformações irreversíveis $\Delta S_{universo} > 0$.

A função entropia se relaciona com o número de configurações que o sistema admite. Esta relação foi encontrada por L. E. Boltzmann (1844-1906) em estudos por ele realizados na década de 1870, e tem a forma:

$$S = k \ln W.$$

Nessa equação, k é a constante de Boltzmann e corresponde ao quociente da constante dos gases perfeitos pela constante de Avogadro, ou seja,

$$k = R/N_A = 1{,}380662 \times 10^{-23} \, J \, K^{-1}$$

W é o número de configurações (ou microestados) que o sistema pode ter e, por isso, é comum associar entropia com ordem ou desordem.

Nas transformações irreversíveis, a entropia do Universo aumenta. Isto significa que nessas transformações há aumento do número de configurações disponíveis. De modo muito simples, pode-se dizer que, na transformação irreversível, há aumento de desordem ou diminuição da ordem.

Contudo, a utilização de $\Delta S_{universo}$ como critério de reversibilidade não é muito satisfatório, porque a contribuição à variação de entropia proveniente do sistema ($\Delta S_{sistema}$), em geral, é fácil de calcular, mas a contribuição associada ao ambiente ($\Delta S_{ambiente}$), frequentemente, está fora do controle do experimentador, e não pode ser avaliada com a mesma facilidade.

Para contornar esta dificuldade, criou-se uma nova função de estado, a função de Gibbs, que envolve conhecimento apenas do sistema. Se o sistema sofre uma transformação do estado inicial 1 para o estado final 2, a uma dada temperatura T, a variação da energia livre de Gibbs será:

$$\Delta G = \Delta H - T\Delta S.$$

A energia livre de Gibbs está relacionada com a espontaneidade de uma transformação. Em uma transformação reversível, observa-se que

$$\Delta G = 0$$

ou seja, o sistema encontra-se em equilíbrio.

Transformações espontâneas buscam uma diminuição da energia livre, ou seja:

$$\Delta G < 0.$$

Variação de energia livre da reação

A energia livre de reação, no estado padrão, pode ser obtida a partir de valores tabelados das energias livres de formação, determinadas também no estado padrão. A sequência de passos conceituais é a mesma que foi adotada para obter a entalpia de reação a partir de entalpias de formação.

Energia livre padrão de formação

A energia livre padrão de formação é aquela associada à reação de formação:

$$\text{elementos} \rightarrow \text{compostos}$$

$$\Delta G_f^o = \Delta G^o_{composto} - \Delta G^o_{elementos}.$$

A energia livre de formação dos elementos, na forma de substâncias simples, no estado padrão é considerada como sendo nula, a qualquer temperatura:

$$\Delta G^o_{elementos} = 0 \text{ (qualquer } T).$$

Portanto, a energia livre de formação é uma medida da energia livre do composto, na temperatura em que ocorreu a reação de formação:

$$\Delta G^o_{composto} = \Delta G_f^o.$$

As energias livres de formação são tabeladas em unidades de energia, por quantidade de matéria, ou seja, joule (J) ou quilojoule, (kJ) por mol. A temperatura na qual foram feitas as determinações deve ser sempre especificada.

A energia livre de uma reação química

Para uma reação química genérica,

$$aA + bB \rightarrow cC + dD$$

a variação de energia livre, $\Delta G_{\text{reação}}$, no estado padrão, será dada pela expressão

$$\Delta G^{\text{o}}_{\text{reação}} = \Delta G^{\text{o}}_{\text{prod}} - \Delta G^{\text{o}}_{\text{reag}}$$

onde,

$$\Delta G^{\text{o}}_{\text{prod}} = c\Delta G^{\text{o}}_{f}(C) + d\Delta G^{\text{o}}_{f}(D)$$

$$\Delta G^{\text{o}}_{\text{reag}} = a\Delta G^{\text{o}}_{f}(A) + b\Delta G^{\text{o}}_{f}(B).$$

A Tabela 2.1 mostra valores de entalpias e energias livres de formação, que podem ser usadas para determinar a exo ou endotermicidade de uma reação e o valor da variação da energia livre que, como será visto a seguir, permite calcular a constante de equilíbrio.

Relação entre energia livre e constante de equilíbrio

A relação fundamental

$$\Delta G^{\text{o}} = -RT \ln K$$

foi proposta por Gibbs por volta de 1875. Nesta expressão, a variação padrão de energia livre está ligada ao valor da constante dos gases ideais, R, à temperatura T do sistema e ao logaritmo natural da constante de equilíbrio.

Assim,

$$\ln K = -\Delta G^{\text{o}}/RT \quad \text{ou} \quad K = e^{-\Delta G^{\text{o}}/RT}.$$

Em logaritmos decimais, esta equação toma a forma:

$$\Delta G^{\text{o}} = -2{,}303\, RT \log K$$

e

Tabela 2.1 — Entalpias padrão de formação e energias livres padrão de formação, em kJ mol^{-1}, determinadas a 25 °C.

Substância	ΔH_f^o	ΔG_f^o
H_2O (g)	−240,9	−228,6
H_2O (ℓ)	−285,8	−237,2
O_3 (g)	142,2	163,4
$HC\ell$ (g)	−92,3	−95,2
SO_2 (g)	−296,9	−300,3
SO_3 (g)	−395,1	−370,4
CO (g)	−110,5	−137,2
CO_2 (g)	−393,5	−394,4
N_2O (g)	81,5	104,2
NO (g)	90,4	86,7
NO_2 (g)	33,8	51,8
CH_4(g)	−74,8	−50,8
Etano, C_2H_6 (g)	−84,7	−32,9
Propano, C_3H_8 (g)	−103,8	−23,5
n-Butano, C_4H_{10} (g)	-124,7	−15,7
Eteno, C_2H_4(g)	52,3	68,1
Acetileno, C_2H_2 (g)	−226,7	−209,2
Metanol, CH_3OH (ℓ)	−238,6	−166,2
Etanol, C_2H_5OH (ℓ)	−277,6	−174,7
Benzeno, C_6H_6 (ℓ)	49,0	124,5
CaO (s)	−635,1	−604,1
$CaCO_3$ (s)	−1.206,6	−1.128,8

$$\log K = -\Delta G^\circ/(2{,}303\,RT)\text{ou } K = 10^{-2{,}303\,\Delta G^\circ/RT}.$$

Levando em conta que $\Delta G^\circ = \Delta H^\circ - T\Delta S^\circ$, a constante de equilíbrio será escrita:

$$K = e^{-(\Delta H^\circ - T\Delta S^\circ)RT}$$

ou

$$K = e^{-\Delta H^\circ/RT + \Delta S^\circ/R}$$

ou na base decimal,

$$K = 10^{-\Delta H^\circ/2{,}303T + \Delta S^\circ/2{,}303}.$$

A expressão anterior mostra que a constante de equilíbrio de uma reação química depende de dois parâmetros termodinâmicos determinados para a reação no estado padrão: a variação de entalpia, ΔH°, e a variação de entropia, ΔS°.

Um valor elevado da constante de equilíbrio significa que, atingido o equilíbrio, a quantidade de produtos é muito maior que a dos reagentes. A expressão de K mostra que ela apresenta um termo entálpico, $e^{-\Delta H/RT}$ e outro entrópico, $e^{\Delta S/R}$. Portanto, o valor de K depende da magnitude e do sinal da variação de entalpia (ΔH°), e da variação de entropia (ΔS°) da reação.

A influência da entalpia pode ser assim estabelecida:

- Se a reação for exotérmica, $\Delta H^\circ < 0$, então, $e^{-\Delta H/RT}$ será um número grande, por se tratar da exponencial de um número positivo.

- Se a reação for exotérmica, $\Delta H^\circ > 0$, então, $e^{-\Delta H/RT}$ será um número pequeno (exponencial de um número negativo).

A influência da entropia segue as situações a seguir:

- As reações que se dão com aumento de entropia têm $\Delta S^\circ > 0$ e, por isso, a exponencial $e^{\Delta S/R}$ corresponderá a um número grande.

- As reações que se dão com diminuição de entropia têm $\Delta S^\circ < 0$ e, por isso, a exponencial $e^{\Delta S/R}$ terá expoente negativo e corresponderá a um número pequeno.

A influência da temperatura se manifesta no termo entálpico, mais exatamente no denominador do seu expoente. Se a reação for exotérmica, $\Delta H^\circ < 0$, então, o expoente de $e^{\Delta H/RT}$ será positivo, mas tanto menor quanto mais elevada for a temperatura T. Assim, fixando um valor negativo de entalpia, a exponencial será tanto menor quanto maior T. Por essa razão, se afirma que as reações exotérmicas são desfavorecidas (o valor de K diminui) quando a temperatura aumenta.

Se a reação for endotérmica, $\Delta H^\circ > 0$, então, o expoente de $e^{-\Delta H/RT}$ será negativo e, ao contrário da situação anterior, tanto maior quanto mais elevada for a temperatura (maior valor de T). Neste caso, fixado um valor positivo de entalpia, a exponencial será tanto menor quanto menor T. Por essa razão, afirma-se que reações endotérmicas são favorecidas (o valor de K aumenta) pelo aumento da temperatura.

Como a constante de equilíbrio engloba termos entálpico e entrópico, a contribuição de ambos deve ser analisada ao mesmo tempo. No século XX, químicos e físicos recorriam ao Princípio de Thomsen-Berthelot que afirmava:

> "As reações espontâneas são exotérmicas; as reações não espontâneas são endotérmicas."

Com este enunciado se queria dizer que apenas reações exotérmicas podiam ocorrer espontaneamente ou, em outras palavras, possuiriam valor de K grande. Hoje, ficou claro que este princípio é falho porque se verifica que algumas reações endotérmicas se dão com formação de grandes quantidades de produtos (ou seja, apresentam K grande). Nesses casos, embora ΔH° seja positivo, determinando valor pequeno para a exponencial entálpica, o valor de ΔS° pode ser positivo e suficientemente grande para que a contribuição da exponencial entrópica seja muito positiva.

O que significa uma reação acontecer com aumento de entropia? Foi apontado que a entropia se relaciona com o número de configurações que o sistema pode assumir, por meio da relação de Boltzmann, $S = k \ln W$. Lembrando que a variação de entropia representa a variação de uma função de estado, então

$$\Delta S^o = S_P^o - S_R^o = k\, \ln W_P - k\, \ln W_R.$$

Os índices P e R se referem a produtos e reagentes, respectivamente.

Quando a quantidade total de produtos, expressa em mol, for maior que a quantidade total em mol dos reagentes, o estado final da reação (os produtos) podem ter um número maior de configurações que o estado inicial de reação (os reagentes). Sendo, nestas circunstâncias, $W_P > W_R$, então, $S_P^o > S_R^o$ e, portanto, $\Delta S^o > 0$, o que responde à pergunta formulada.

Por outro lado, nas reações nas quais a quantidade em mol de produtos for menor que a de reagentes, então, $W_P > W_R$ e, consequentemente, $S_P^o > S_R^o$, o que determinará variação de entropia negativa, $\Delta S^o < 0$.

É possível também verificar casos de reações exotérmicas que têm pequeno valor de K. Isso se torna possível se a contribuição do termo entálpico for sobrepujada pela contribuição do termo entrópico, o que acontecerá quando a reação envolver uma grande redução de entropia.

Considerando a relação

$$\Delta G = \Delta H - T\Delta S$$

o gráfico de ΔG contra T será, aproximadamente, uma linha reta, desde que ΔH e S sejam constantes no intervalo de temperatura considerado. O coeficiente angular dessa reta será equivalente a S, e o coeficiente linear será igual ao ΔH extrapolado a $0\,K$. As reações dos metais com oxigênio formando os respectivos óxidos são exotérmicas, e, portanto, favorecidas, do ponto de vista entálpico. Contudo, as variações de entropia associadas são sempre negativas, visto que um elemento gasoso (oxigênio) é consumido para formar um sólido (óxido).

A superposição das curvas de energia livre para os diferentes óxidos, incluindo os de carbono, proporciona um diagrama muito útil na pirometalurgia, conhecido como *diagrama de Ellingham* (Figura 2.1).

Figura 2.1
Diagramas de Ellingham, muito úteis na racionalização do uso dos processos pirometalúrgicos baseados nas variações de energia livre com a temperatura; as inclinações das retas expressam as variações de entropia, ao passo que as inflexões são decorrentes de mudanças no estado físico (sólido→líquido→gasoso) dos produtos.

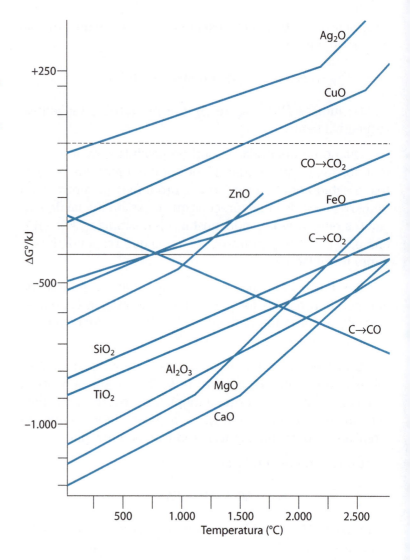

Sob o ponto de vista termodinâmico, o processo de redução mais favorável será o que conduzir ao maior abaixamento da energia livre do sistema. Dessa forma, quanto mais estável for o óxido, mais difícil será sua redução ao estado metálico.

Quando o metal sofre mudança de estado, ocorre uma mudança na inflexão da reta em função da temperatura. Para o cálcio, o processo de fusão ocorre em 1.500 °C, sendo observada uma quebra nessa temperatura, com maior coeficiente angular, devido ao aumento da variação entrópica.

A decomposição térmica dos óxidos torna-se possível na temperatura em que o fator $T\Delta S$ passa a predominar sobre o fator entálpico, tal que a energia livre de formação do óxido seja positiva (isto é, acima da linha tracejada na Figura 2.1). Isso é possível para os óxidos de prata e de cobre em temperaturas da ordem de 300 °C e 1.500 °C, respectivamente.

$$Ag_2O(s) \rightarrow 2Ag(s) + O_2 \ (g)$$

$$CuO(s) \rightarrow Cu(s) + ½ \ O_2 \ (g).$$

A utilização do carvão como redutor vai depender da variação das energias livres envolvidas. Nessa discussão também se insere o CO, que é um subproduto imediato da oxidação do carvão e que, também, atua como redutor. No diagrama de Ellingham, a curva de energia livre de formação dos óxidos deve estar acima das curvas de energia livre de oxidação do C ou do CO. É o caso dos óxidos de metais como o ferro, estanho e zinco. Tanto o carvão como o CO podem efetuar a redução dos óxidos metálicos, porém, para saber qual o processo mais favorável, é importante levar em conta os parâmetros termodinâmicos associados, ou seja,

$$C(s) + O_2(g) \rightarrow CO_2(g) \qquad \Delta H = -393 \ kJ \ mol^{-1}$$
$$\Delta S = 2{,}8 \ J \ mol^{-1}K^{-1}$$

$$2C(s) + O_2(g) \rightarrow 2CO \ (g) \qquad \Delta H = -221 \ kJ \ mol^{-1} \ O_2$$
$$\Delta S = 179 \ J \ mol^{-1}K^{-1}$$

$$2CO(g) + O_2(g) \rightarrow 2CO_2 \ (g) \quad \Delta H = -566 \ kJ \ mol^{-1} \ O_2$$
$$\Delta S = -173 \ J \ mol^{-1} \ K^{-1}.$$

Essas três reações apresentam valores muito diferentes dos parâmetros entrópicos. Por essa razão, no diagrama de Ellingham, os gráficos de energia livre para o carvão e o CO apresentam diferentes inclinações e, por coincidência, se cruzam em torno de 700 °C. De acordo com os diagramas de energia livre, abaixo de 700 °C, o redutor mais eficiente é o CO. Acima dessa temperatura, a combustão do carvão formando CO é o que apresenta energia livre mais favorável, por razões de natureza entrópica.

CAPÍTULO 3

EQUILÍBRIOS EM SOLUÇÃO AQUOSA

Um grande número de reações químicas ocorre em solução aquosa, incluindo as que se processam em nosso organismo. Por essa razão, esse assunto merece um destaque especial neste livro.

O equilíbrio ácido–base é, sem dúvida, o mais importante a ser abordado. Apesar de S. Arrhenius ter estabelecido que um ácido seja toda espécie capaz de liberar íons $H^+(aq)$, na realidade, esse comportamento está relacionado com um processo de equilíbrio, reconhecido pela primeira vez por J. N. Brønsted (Dinamarca) e T. M. Lowry (Inglaterra), de forma independente.

Segundo Brønsted e Lowry, um ácido é uma substância que doa íons H^+ a outra substância, e base é uma substância que recebe esses íons.

Portanto, o caráter ácido–base reflete na realidade um comportamento doador–receptor de íons H^+. Exemplos:

$$HF + H_2O \rightleftharpoons F^- + H_3O^+$$

$$HF + NH_3 \rightleftharpoons F^- + NH_4^+.$$

Nesses dois exemplos, o HF atua como um ácido, doando íons H^+ para H_2O e NH_3, que fazem papel de base. Na reação reversa, os produtos gerados têm comportamento inverso, ou seja, o F^- atua como base, e os íons H_3O^+ ou NH_4^+ como ácidos. Por essa razão, se diz que as espécies em equilíbrio participam como ácidos e bases conjugadas. O F^- é a base conjugada do HF. O NH_4^+ é o ácido conjugado do NH_3.

Enquanto a água se comporta como uma base na presença de HF, ela tem um comportamento ácido na presença de NH_3.

$$H_2O + NH_3 \rightleftharpoons OH^- + NH_4^+.$$

Esse tipo de comportamento dual é dito anfotérico. Tal caráter relativo é determinado pela força do ácido ou da base. Na presença de um ácido forte (com maior tendência doadora de H^+) a água se comporta como uma base. Na presença de uma base forte (com maior tendência receptora de H^+) a água se comporta como um ácido.

Outro ponto importante é que os íons H^+ não existem livres, em solução. Em água, eles estão sempre associados às moléculas de H_2O, formando espécies $[H(H_2O)_n]^+$, onde o H_3O^+ é a mais relevante. Em termos genéricos, também se escreve $H^+(aq)$.

Lewis apresentou outra versão do comportamento ácido-base em termos do caráter doador ou receptor de par de elétrons das espécies que participam da reação. Por exemplo, na reação

$$:NH_3 + H_3O^+ \rightleftharpoons NH_4^+ + H_2O:$$

o NH_3 é uma base de Lewis, pois fornece um par de elétrons para o íon H^+ (ácido). No processo inverso, é a água que atua como base de Lewis.

Equilíbrios ácido–base em solução aquosa

Em água, a reação

$$HC\ell + H_2O \rightarrow C\ell^- + H_3O^+$$

é totalmente deslocada para a direita, no sentido da formação de H_3O^+. Por essa razão, se diz que o $HC\ell$ é um ácido forte.

O ácido acético (H_3CCOOH), entretanto, apresenta o equilíbrio ácido–base deslocado para a esquerda:

$$HOac + H_2O \rightleftharpoons Oac^- + H_3O^+.$$

Portanto, ele corresponde a um ácido fraco. O íon acetato, Oac^-, é uma base mais forte que o íon $C\ell^-$, pois consegue captar os íons H^+ com maior afinidade.

Em termos quantitativos, a força de um ácido é expressa por sua constante de equilíbrio de dissociação (ou ionização).

Para um ácido genérico, HA

$$HA + H_2O \rightleftharpoons A^- + H_3O^+$$

$$K = \frac{[H_3O^+][A^-]}{[HA][H_2O]}.$$

A concentração do solvente, H_2O, geralmente é muito maior que a concentração das espécies presentes em equilíbrio, e pode ser considerada constante. Dessa forma, a concentração da água pode ser incorporada na constante de equilíbrio sob a forma $K_a = K[H_2O]$. Assim,

$$K_a = \frac{[H_3O^+][A^-]}{[HA]}.$$

As bases também participam de equilíbrios com a água, segundo a reação

$$B + H_2O \rightleftharpoons HB^+ + OH^-.$$

A constante de equilíbrio pode ser expressa, já englobando a concentração da água, por

$$K_b = \frac{[HB^+][OH^-]}{[B]}.$$

onde K_b é conhecida como constante de dissociação ou ionização da base.

Algumas constantes de dissociação de ácidos e bases estão relacionadas na Tabela 3.1. Essas constantes são características das espécies ácidas e básicas, em particular. Assim como qualquer constante de equilíbrio, elas variam com a temperatura.

Tabela 3.1 – Constantes de dissociação de ácidos e bases (25 °C)

Ácido	Fórmula	K_a/ mol^{-1} L
Oxálico	$H_2C_2O_4$	$5,9 \times 10^{-2}$ (K_{a1}) $6,4 \times 10^{-5}$ (K_{a2})
Fosfórico	H_3PO_4	$7,5 \times 10^{-3}$ (K_{a1}) $6,2 \times 10^{-8}$ (K_{a2}) $4,8 \times 10^{-13}$ (K_{a3})
Fluorídrico	HF	$6,7 \times 10^{-4}$
Nitroso	HNO_2	$4,5 \times 10^{-4}$
Acético	H_3CCO_2H	$1,8 \times 10^{-5}$
Carbônico	H_2CO_3	$3,5 \times 10^{-7}$ (K_{a1}) 5×10^{-11} (K_{a2})
Sulfídrico	H_2S	$1,0 \times 10^{-7}$ (K_{a1}) $1,0 \times 10^{-14}$ (K_{a2})
Cianídrico	HCN	$7,2 \times 10^{-10}$
Base	**Fórmula**	K_b/mol^{-1} L
Amônia	NH_3	$1,8 \times 10^{-5}$
Piridina	C_5H_5N	$2,3 \times 10^{-9}$
Metilamina	CH_3NH_2	$4,4 \times 10^{-4}$

A grande utilidade das constantes de equilíbrio é permitir o cálculo das concentrações das espécies geradas, a partir de uma dada concentração inicial do ácido ou da base. Por exemplo, em uma solução obtida pela dissolução de 0,100 mol de NH_3 por litro de água, a concentração de íons OH^- pode ser calculada da seguinte maneira:

$$NH_3 + H_2O \rightleftharpoons NH_4^+ + OH^-$$

conc. inicial   0,100   0   0
no equilíbrio   0,100-x x x

$$K_b = 1,80 \times 10^{-5} = \{[NH_4^+][OH^-]\}/[NH_3] = x^2/(0,100 - x)$$

portanto,

$$x^2 + (1,80 \times 10^{-5})x - 1,80 \times 10^{-6} = 0.$$

A solução da equação do segundo grau fornece

$$[OH^-] = x = 1,33 \times 10^{-3} \text{ mol L}^{-1}.$$

Na prática, quando a constante de equilíbrio for inferior a 10^{-4} mol^{-1} L, a redução da concentração inicial da base ou ácido pode ser negligenciada, $(0,100 - x) \approx 0,100$; facilitando muito o cálculo das concentrações. No exemplo anterior, a equação se reduz a

$$K_b = 1,80 \times 10^{-5} = x^2/0,100$$

e, portanto,

$$x^2 = 1,80 \times 10^{-6}$$
$$x = 1,34 \times 10^{-3} \text{mol L}^{-1}.$$

Esse valor é praticamente igual ao obtido fazendo o cálculo sem aproximações.

Autoionização da água

A água apresenta um equilíbrio de autoionização, gerando quantidades iguais de íons H_3O^+ e OH^- em concentrações extremamente baixas.

$$H_2O + H_2O \rightleftharpoons OH^- + H_3O^+.$$

A constante de equilíbrio fica dada por

$$K = \{[H_3O^+][OH^-]\}/[H_2O]^2$$
$$K[H_2O]^2 = [H_3O^+][OH^-].$$

O produto $K[H_2O]^2$ é constante, e recebe a denominação K_w. Seu valor, medido a 25 °C, é $1,0 \times 10^{-14}$.

$$K_w = [H_3O^+][OH^-] = 1,0 \times 10^{-14}.$$

Em meio neutro, $[H_3O^+] = [OH^-] = 1,0 \times 10^{-7} \text{mol L}^{-1}$.

Efeito do íon comum

Outra observação importante no uso das constantes de equilíbrio é o efeito provocado pela presença de um íon participante, porém, já existente em solução. Esse íon provoca o deslocamento do equilíbrio no sentido contrário, inibindo a dissociação do ácido ou da base.

Veja, por exemplo, o que acontece em termos dos equilíbrios que ocorrem em uma solução que contém $0,100$ mol L^{-1} de $HC\ell$ e $0,100$ mol L^{-1} de ácido acético (HOac).

A equação de equilíbrio é dada por

$$HOac + H_2O \rightleftharpoons Oac^- + H_3O$$

concentração
inicial →   0,100   0,100
concentração
no equilíbrio →$(0,100 - x)$ x $(0,100 + x)$.

Como o $HC\ell$ é um ácido forte, ele se dissocia completamente, gerando $[H_3O^+] = 0,100$ mol L^{-1}. Novamente, sendo x muito pequeno, ele pode ser desprezado, ou seja,

$$(0,200 - x) = 0,200$$
$$(0,100 - x) = 0,100.$$

Portanto,

$$K_a = 1,80 \times 10^{-5} = 0,100 \, x/0,100$$
$$x = 1,8 \times 10^{-5} \text{ mol } L^{-1}.$$

Note que na ausência de $HC\ell$, a concentração de Oac^- seria igual a $1,3 \times 10^{-3}$ mol L^{-1}, quase 70 vezes maior que o calculado após a adição de $HC\ell$. Portanto, a adição de HCl acaba reprimindo a dissociação do HOac.

A adição de uma alta concentração de Oac^- provocará um efeito semelhante, reprimindo a dissociação do ácido acético. Essa solução terá maior resistência a mudanças pela adição de ácido, pois apresenta um excesso de íons acetato para combinar com íons H_3O^+. Ela recebe o nome de solução tampão, e tem uso frequente em sistemas nos quais a acidez da solução deve ser mantida dentro de uma faixa estreita, praticamente constante.

A escala de pH e a notação logarítmica

Considerando a ordem de grandeza das concentrações envolvidas nos equilíbrios, a representação logarítmica foi introduzida para gerar uma escala mais prática de acidez ou basicidade de uma solução.

A escala de pH é definida por

$$pH = -\log [H_3O^+], \text{ ou}$$
$$pH = \log \left(1/[H_3O^+]\right).$$

Assim, cada mudança de dez vezes na concentração de H_3O^+ equivale a uma unidade de pH.

Para uma solução neutra,

$$[H_3O^+] = 10^{-7} \text{ mol L}^{-1}.$$

Portanto, o pH será igual a

$$-\log [10^{-7}] = 7{,}00.$$

Soluções com pH inferior a 7 têm caráter ácido, e as com pH superior a 7, têm caráter básico.

A notação logarítmica ($p = -\log$) também pode ser estendida para as constantes de equilíbrio:

$$pK_a = -\log K_a \text{ ou}$$
$$pK_a = \log (1/K_a).$$

É importante notar que quanto menor for o pK_a, mais forte será o ácido em questão.

O produto iônico da água é expresso por

$$pK_w = -\log K_w = \log (1/K_w)$$
$$pK_w = \log (10^{14}) = 14.$$

A forma logarítmica para a equação de equilíbrio

$$K_a = [H_3O^+] [A^-]/[HA]$$

fica igual a

$$-\log K_a = -\log[H_3O^+] + \log([HA]/[A^-])$$

ou

$$pH = pK_a + \log([A^-]/[HA]).$$

Essa equação, conhecida como de Henderson-Hasselbalch, mostra que o pH de uma solução de um ácido HA se iguala ao seu pK_a, quando as concentrações das formas A^- e HA são iguais. Essa é a situação encontrada nas soluções tampão. Por essa razão, a escolha de um tampão é, geralmente, feita em função de seu pK_a.

Normalmente, as soluções tampão são formadas pela adição da forma básica correspondente (por exemplo, Oac^-), em concentrações equivalentes à da forma ácida não dissociada (por exemplo, HOac). Além da faixa de pH, a capacidade de exercer o efeito tampão também é muito importante. A capacidade do tampão determinará a quantidade de um ácido ou base forte que pode ser adicionada à solução, sem provocar uma mudança significativa no pH. Para isso, a concentração do tampão deve ser muito superior à do ácido ou base adicionada. Outro ponto importante é que os componentes da solução tampão devem interferir o mínimo possível no sistema, para atuar apenas no controle de pH.

Nos sistemas biológicos, o controle de pH é mantido com muito rigor. Por exemplo, no sangue, o pH se mantém na faixa de 7,35 a 7,45 por meio dos tampões formados pelas biomoléculas e o sistema $CO_2/HCO_3^-/CO_3^{2-}$. Variações de apenas 0,2 unidades de pH fora dessa faixa são suficientes para provocar doenças e até levar à morte.

O pH de uma solução pode ser estimado por meio do uso de substâncias indicadoras, que mudam de cor em função da interação com íons H_3O^+. Geralmente, são substâncias orgânicas, como a fenolftaleína, que passa de incolor para vermelho no intervalo de pH entre 8 e 9. A substância conhecida como tornassol passa de vermelho para azul no intervalo de pH entre 5 e 8. Na prática, o pH pode ser medido com precisão por meio de eletrodos sensíveis aos íons H_3O^+.

Produto de solubilidade

Quando um sólido iônico é colocado em água, os íons presentes na superfície passam a interagir com as moléculas do solvente, dando início ao processo de solvatação. As moléculas de água coordenam-se fortemente com os cátions pelos pares eletrônicos disponíveis no átomo de oxigênio. Elas também interagem com os ânions, principalmente por meio dos dipolos positivos localizados sobre os átomos de hidrogênio. Se a solvatação for muito eficiente, a energia liberada pode ser suficiente para desfazer o retículo cristalino, e assim o sólido iônico se dissolverá completamente. Geralmente a dissolução de um sólido acontece até chegar ao limite de saturação da solução. Nessas condições, persiste um equilíbrio dinâmico entre os íons solvatados e os íons no cristal, que pode ser equacionado como uma reação química. Por exemplo,

$$AgC\ell\,(s) \rightleftharpoons Ag^+(aq) + C\ell^-(aq).$$

A constante de equilíbrio correspondente seria

$$K = \frac{\left[Ag^+\right]\left[C\ell^-\right]}{\left[AgC\ell\right]}.$$

Nesse tipo de equilíbrio, existe uma fase sólida ($AgC\ell$) comportando-se como se tivesse uma concentração unitária. Por isso, define-se outra constante, conhecida como produto de solubilidade, K_{ps}, que já incorpora a atividade unitária da fase sólida.

$$K_{ps} = [Ag^+][C\ell^-].$$

Alguns valores representativos de K_{ps} estão compilados na Tabela 3.2.

Quando o produto das concentrações dos íons em solução atinge o valor do K_{ps}, ocorre a formação do sólido, inicialmente em suspensão. Esse processo é conhecido como precipitação.

Por exemplo, sabendo que o K_{ps} do $AgC\ell$ é 1×10^{-10}, pode-se calcular a concentração de Ag^+ existente em uma solução saturada desse sólido,

$$K_{ps} = 1 \times 10^{-10} = [Ag^+][C\ell^-].$$

Como $[Ag^+] = [C\ell^-]$, a concentração de Ag^+ será igual a $1 \times 10^{-5}\,mol\,L^{-1}$.

Tabela 3.2 – Produtos de solubilidade (K_{ps}) a 25 °C, em $(mol\ L^{-1})^x$

Composto	K_{ps}	Composto	K_{ps}
$Mg(OH)_2$	$1,2 \times 10^{-11}$	$MgCO_3$	$2,6 \times 10^{-5}$
$A\ell(OH)_3$	2×10^{-33}	MgF_2	$6,5 \times 10^{-9}$
$Mn(OH)_2$	4×10^{-14}	$SrSO_4$	$3,3 \times 10^{-7}$
$Fe(OH)_2$	$1,6 \times 10^{-14}$	Ag_2CrO_4	9×10^{-12}
$Fe(OH)_3$	$1,1 \times 10^{-36}$	Ag_2S	$1,6 \times 10^{-49}$
$Ni(OH)_2$	4×10^{-14}	MnS	$2,5 \times 10^{-10}$
$Cu(OH)_2$	1×10^{-19}	CoS	2×10^{-26}
$Zn(OH)_2$	$1,8 \times 10^{-14}$	NiS	2×10^{-21}
$AgC\ell$	1×10^{-10}	CuS	$8,5 \times 10^{-36}$
$AgBr$	5×10^{-13}	ZnS	$1,2 \times 10^{-22}$
AgI	$1,5 \times 10^{-16}$	CuI	5×10^{-12}
BaF_2	$1,7 \times 10^{-6}$	$Hg_2C\ell_2$	2×10^{-18}
$BaCrO_4$	$2,4 \times 10^{-10}$	Hg_2I_2	$1,2 \times 10^{-28}$
$BaSO_4$	1×10^{-10}	PbF_2	$3,6 \times 10^{-8}$
$BaCO_3$	5×10^{-9}	$PbC\ell_2$	$1,7 \times 10^{-4}$
CaF_2	$3,4 \times 10^{-11}$	PbI_2	$1,4 \times 10^{-8}$
$CaSO_4$	2×10^{-4}	$PbSO_4$	2×10^{-8}
$CaCO_3$	1×10^{-8}	$PbCO_3$	$3,3 \times 10^{-14}$

Uma das aplicações mais importantes do produto de solubilidade é a elaboração de um esquema de separação de íons em solução, por meio da precipitação fracionada. Reagentes precipitantes são adicionados de forma sequencial, tal que as espécies menos solúveis possam ser removidas antes, por filtração. Na prática, o equacionamento das reações pode ser muito complicado pela ocorrência de equilíbrios simultâneos entre as várias espécies adicionadas. Além disso, as reações de precipitação dependem das condições de germinação das partículas e, muitas vezes, são dificilmente percebidas ou levam algum tempo para estabelecer o equilíbrio, gerando soluções supersaturadas.

Um esquema analítico muito usado na determinação de cátions em solução está ilustrado na Figura 3.1.

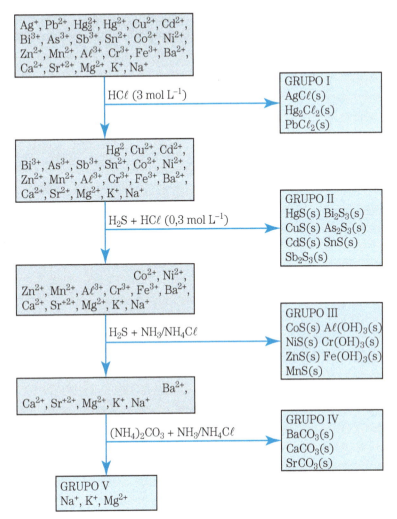

Figura 3.1
Um esquema analítico que pode ser utilizado na separação de cátions em solução, baseado na precipitação seletiva com $HC\ell$, H_2S, e $(NH_4)_2CO_3$.

Esse esquema consiste em separar os cátions em cinco grupos, de acordo com suas solubilidades relativas. O grupo I é diferenciado pelo fato de ser precipitado com $HC\ell$ (3 mol L^{-1}), sob a forma de AgCl, $Hg_2C\ell_2$ e $PbC\ell_2$. O grupo II precipita com H_2S na presença de $HC\ell$ (0,3 mol L^{-1}), sob a forma de HgS, CuS, CdS, Bi_2S_3, As_2S_3, Sb_2S_3, SnS. O grupo III não precipita com H_2S em meio ácido, porém formam precipitados em meio ligeiramente básico (pH 8) tamponado com $NH_3/NH_4C\ell$, sob a forma de CoS, NiS, ZnS, MnS, $A\ell(OH)_3$, $Cr(OH)_3$, $Fe(OH)_3$. O grupo IV precipita com a adição de carbonatos, em meio levemente alcalino, formando $BaCO_3$, $CaCO_3$ ou $SrCO_3$. Removido esse grupo de íons, resta apenas os íons dos metais alcalinos e Mg^{2+}, que formam o grupo V. Dentro de cada grupo, os íons podem ser identificados por meio de outras reações apropriadas.

CAPÍTULO 4
CINÉTICA QUÍMICA, EQUILÍBRIOS E MECANISMOS DE REAÇÃO

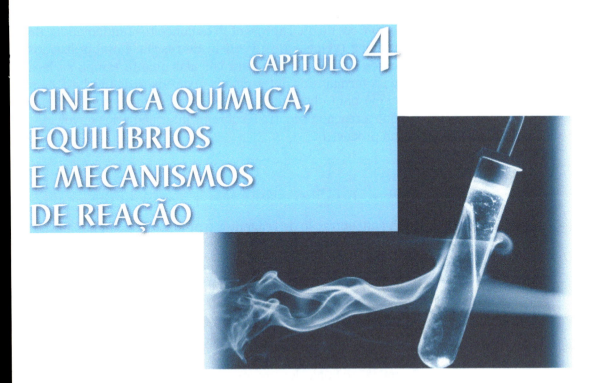

As reações químicas não são instantâneas. Muitas acontecem rapidamente, como a formação de precipitado ao se misturar soluções de cloreto de sódio e nitrato de prata. Outras podem envolver muitas horas de espera para se constatar a formação de quantidades apreciáveis de produtos.

Por volta de 1863, C. M. Guldeberg e P. Waage enunciaram o famoso Princípio da Ação das Massas, segundo o qual, para uma reação do tipo

$$A + B \rightleftharpoons C + D$$

a força de ação entre A e B seria proporcional às massas ativas de A e B. Guldeberg e Waage não souberam explicar exatamente o que queriam dizer com força de ação e massa ativa.

Posteriormente, J. H. van't Hoff (1852-1911, Prêmio Nobel – 1901), estudando a decomposição de alguns compostos orgânicos, mostrou que a velocidade de reação era diretamente proporcional à sua concentração. A partir desses trabalhos, van't Hoff estabeleceu as bases da cinética química, publicando em 1884, o livro *Estudos de dinâmica química*, no qual apresentou os conceitos fundamentais de rapidez (velocidade) e ordem de reação. Hoje, utilizamos esses conhecimentos para calcular quanto tempo se leva para formar uma determinada quantidade de produto, bem como para obter informações sobre o conjunto de etapas que a reação percorre e sobre os intermediários envolvidos no processo.

Rapidez de reação e fatores associados

A concentração de reagentes e produtos, acompanhada em função do tempo, fornece um gráfico como o da Figura 4.1.

Neste gráfico, à medida que a reação acontece, a concentração dos reagentes diminui. Por outro lado, no instante inicial não existem produtos. Assim, a concentração destes vai crescendo a partir do valor zero, até o valor final. O tempo de meia-vida, $t_{1/2}$, corresponde ao intervalo decorrido até que a concentração atinja a metade do valor inicial ou final. Nos processos conhecidos como de primeira ordem, o tempo de meia-vida é constante ao longo de toda a reação.

Em muitos casos, a concentração de produto não cresce indefinidamente, nem a concentração de reagente decresce até o valor nulo, como pode ser visto na Figura 4.2.

Figura 4.1
Curva cinética, mostrando a diminuição da concentração do reagente e o aumento da concentração do produto, em função de tempo, bem como a indicação do tempo de meia--vida, $t_{1/2}$.

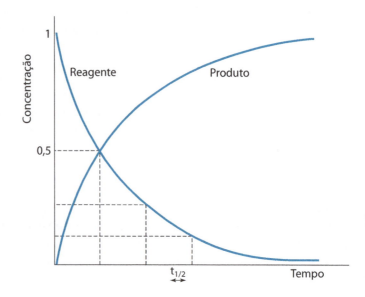

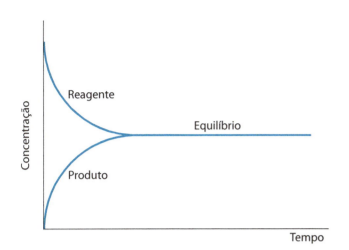

Figura 4.2
Desaparecimento do reagente e formação do produto até atingir o ponto de equilíbrio, quando as concentrações permanecem invariantes.

A partir de certo instante t, as concentrações se tornam invariantes no tempo. Nessa condição atinge-se o equilíbrio químico, que é um equilíbrio dinâmico, como será visto a seguir.

Pode-se definir rapidez de reação, ou sua velocidade, como a variação da concentração por unidade de tempo. Se a concentração variar de Δc durante um intervalo de tempo Δt, a velocidade de reação, v, será dada por

$$v = \frac{\Delta c}{\Delta t}.$$

O gráfico da Figura 4.2 mostra que a velocidade de reação não é constante ao longo de toda a reação. Ela é grande no início e diminui à medida que a transformação se aproxima do equilíbrio ou do ponto final.

A velocidade das reações depende das condições nas quais os reagentes se apresentam ou são submetidos. Podem-se relacionar as seguintes dependências:

a) Quantidade de reagentes

O efeito da quantidade de reagentes se manifesta por meio das concentrações. Quanto mais concentrados estiverem, mais rapidamente ocorrerá a transformação química. Em outras palavras, soluções diluídas demoram mais para reagir que soluções concentradas.

b) Natureza dos reagentes

A natureza dos reagentes é o fator mais importante a ser considerado. Todos os fatores relacionados com a estrutura e as propriedades termodinâmicas dos compostos se refletem em sua natureza. Cada composto manifesta sua natureza química, expressando-se por meio de diferentes velocidades de reação e percorrendo caminhos peculiares, que levam à formação de produtos definidos.

c) Temperatura

O aumento de temperatura aumenta a rapidez com que as transformações acontecem. Essa afirmação é verdadeira, tanto para reações exotérmicas quanto para as endotérmicas. Isto significa que o aumento de temperatura faz com que o equilíbrio seja atingido mais rapidamente.

Para uma reação acontecer, é preciso que os reagentes entrem em contato, ou seja, é necessário que as espécies reativas se choquem. A frequência com que esses choques acontecem depende da temperatura. Quanto mais alta, maior a frequência das colisões. Isso decorre do aumento de energia cinética das partículas (moléculas, íons e átomos) associado ao aumento de temperatura.

d) Estado de agregação e subdivisão

Os gases reagem mais rapidamente que os líquidos e estes mais rapidamente que os sólidos. Ao contrário do que muitos imaginam, as reações entre sólidos (em geral, lentas) acontecem com certa facilidade, especialmente quando os sólidos estão hidratados. Um exemplo facilmente reproduzível em laboratório é a reação entre nitrato de chumbo e iodeto de potássio; os cristais esbranquiçados quando triturados, formam um pó amarelo, de iodeto de chumbo (PbI_2).

Quanto mais finamente pulverizado estiver um sólido, mais rapidamente reagirá. Por essa razão, na churrasqueira, pedaços pequenos de carvão queimam mais rapidamente que os grandes. Um comprimido efervescente, reduzido a fragmentos, se dissolve mais rapidamente que o comprimido íntegro. A pulverização aumenta a superfície exposta à ação dos outros reagentes.

e) Agitação

A agitação garante que os reagentes entrem em contato e evita acúmulos localizados de produtos. A difusão natural é relativamente lenta, e o produto formado pode permanecer localizado em alguns pontos do sistema em reação. A agitação impede que isso aconteça e é importante, tanto nas reações homogêneas, em que os reagentes e produtos estão no mesmo estado físico, como nas reações heterogêneas, contribuindo para renovar as superfícies de contato.

f) Catalisador

Na concepção de J. J. Berzelius (1779-1848), catalisador seria uma substância que, pela simples presença, favoreceria uma reação química. Hoje se sabe que o catalisador diminui o tempo necessário para que o equilíbrio seja atingido, porém sem alterar o valor da constante de equilíbrio ou o rendimento da reação. Sabe-se também que o catalisador faz parte nas etapas intermediárias, alterando quimicamente os reagentes. Embora reapareça intacto ao final da reação, o catalisador tem um papel mais complexo do que o simples fato de estar presente, conforme acreditava Berzelius.

Graças aos catalisadores, muitas reações se tornam viáveis em escala industrial. É o caso da síntese da amônia, a partir dos gases nitrogênio e hidrogênio, catalisada por uma mistura complexa de óxidos metálicos (ferro, alumínio e potássio) em estado reduzido. A sua importância fica ainda mais destacada quando se leva em conta que produtos como os ácidos sulfúrico e nítrico, o formaldeído, o acetaldeído, a acetona, a gasolina, os plásticos e as fibras sintéticas são obtidos por processos catalíticos.

Ordem de reação

Quando acontece uma reação do tipo

$$aA + bB \rightleftharpoons cC + dD$$

verifica-se, experimentalmente, que a velocidade de reação, expressa em quantidade (mol) de reagente que é transformada em produtos, por unidade de tempo, obedece à equação:

$$v = k\,[A]^m\,[B]^n.$$

Nesta equação, m e n são chamados ordem de reação em relação a A e B, respectivamente. A soma $(m + n)$ é denominada ordem global de reação. É importante saber que a ordem de reação em relação a cada um dos reagentes, só pode ser determinada experimentalmente. Também é preciso salientar que m e n não são os coeficientes estequiométricos a e b, embora, algumas vezes, os valores possam coincidir. A equação de rapidez (velocidade) sempre mostra a dependência da velocidade com a concentração dos reagentes. A constante k, escrita sempre em letra minúscula para se distinguir da constante de equilíbrio (K), é chamada constante de velocidade ou constante específica de velocidade. No Sistema Internacional de Unidades (SI), se expressa

$$v \qquad \text{em mol}\,L^{-1}\,s^{-1}$$
$$[A], [B] \ldots \quad \text{em mol}\,L^{-1}$$
$$k \qquad \text{em}\,(L/\text{mol})^{(m + n - 1)}\,s^{-1}$$

sendo,

$$m, n \ldots \text{números adimensionais.}$$

Existem muitos métodos para se determinar a ordem de uma reação. A seguir, são apresentados dois casos típicos. Em todo experimento cinético, é muito importante manter a temperatura constante, pois, conforme será visto adiante, a rapidez varia muito, mesmo com pequenas flutuações térmicas. Do ponto de vista prático, essa dificuldade é contornada com o uso de termostatos, que são equipamentos que controlam a temperatura.

a) Em uma reação em que participa apenas um reagente,

$$aA \rightarrow \text{Produtos}$$

a equação de velocidade será

$$v = k\,[A]^m.$$

Para determinar m, mede-se a velocidade com que o reagente desaparece, fixando-se certo valor de sua concentração. Em seguida, repete-se a medida de velocidade, dobrando-se a concentração de reagente. Se $m = 1$, ao dobrar a concentração, a velocidade dobra. Se $m = 2$, a velocidade quadruplica. Desse modo, fica fácil determinar o valor da ordem de reação.

Vários métodos analíticos podem ser utilizados para acompanhar o desaparecimento de reagente. Se ele for colorido, pode-se medir a variação da intensidade da cor e relacioná-la com a concentração. Se a substância for opticamente ativa, pode-se medir a variação do poder rotatório de luz polarizada pela solução.

b) Quando vários reagentes tomam parte da reação, por exemplo,

$$H_3C—C(O)—O—CH_2CH_3 \text{ (éster)} + H_2O \rightarrow$$
$$H_3C—C(O)OH + H_3CCH_2OH$$

A equação de rapidez (velocidade) será escrita:

$$v = k \, [\text{éster}]^m \, [H_2O]^n.$$

Como há formação de ácido acético, este pode ser titulado, ou seja, quantificado, tomando-se alíquotas da solução em reação, em intervalos de tempo adequados, e fazendo-se rapidamente sua análise. Pela estequiometria da reação, sabe-se que cada mol de ácido formado corresponde ao desaparecimento da mesma quantidade de éster. Tem-se, assim, um modo de determinar a velocidade da reação, em termos da variação da concentração de éster por unidade de tempo. Para determinar m, mantém-se a concentração de água constante e fazem-se duas medidas de velocidade de reação, para duas concentrações (uma o dobro da outra) de éster. À semelhança do item anterior, se $m = 1$, ao dobrar a concentração, a velocidade dobra. Se $m = 2$, a velocidade quadruplica. Para determinar n, (ordem de reação em relação à água) o mesmo processo é repetido, mantendo-se a concentração de éster fixada e variando-se a concentração de água.

Na hidrólise aqui exemplificada, a experiência mostra que m e n são unitários, ou seja, o processo é de primeira ordem em relação ao acetato de etila e de primeira ordem em relação à água. A ordem global é igual a dois.

Uma vez obtidas às ordens em relação a cada um dos reagentes, o valor da constante de velocidade na temperatura do experimento pode ser determinado substituindo-se, na equação cinética, o valor da velocidade e das concentrações de reagentes a elas associadas.

Dependência da constante de velocidade em relação à temperatura

Para explicar a dependência da constante de velocidade em relação à temperatura, S. A. Arrhenius (1859-1927, Prêmio Nobel – 1903) propôs que as reações se processam por meio de um complexo transitório de maior energia que os reagentes. Esse complexo, atualmente denominado complexo ativado, representa uma forma altamente reativa, em que ocorrem interações específicas entre os átomos, levando à formação dos produtos. O percurso da reação é, frequentemente, representado em escala energética, como na Figura 4.3.

Para que se atinja a formação do complexo ativado, é necessário fornecer uma energia mínima, E_a, denominada energia de ativação. No caso das reações exotérmicas, uma vez iniciada a reação, a energia liberada é aproveitada pelos reagentes para a formação de mais complexo ativado,

Figura 4.3
Percurso da reação de conversão de reagente ao produto, passando pelo complexo ativado.

garantindo o prosseguimento da reação. Isso pode ser percebido no cotidiano, nas combustões, que, embora sejam exotérmicas, precisam ser iniciadas por uma chama. Uma vez iniciada, a combustão se mantém enquanto houver reagentes, ou seja, material inflamável e oxigênio. A chama inicial fornece a energia de ativação. Porém, como a reação é exotérmica, o calor por ela liberado sustenta o processo de ativação.

Arrhenius propôs que a velocidade da reação depende do número de moléculas do complexo ativado. Isto equivale a dizer que a constante k é proporcional à concentração de moléculas do complexo ativado A...B. Partindo da suposição que a distribuição de Boltzmann se aplica para os reagentes e o complexo ativado, Arrhenius chegou à equação

$$k_r = A\, e^{-E_a/RT}$$

onde, R é a constante dos gases, T é a temperatura absoluta, A é uma constante e E_a a energia de ativação.

Quando se toma o logaritmo da equação de Arrhenius, obtém-se uma equação de reta (Figura 4.4) para $\ln k$ versus $1/T$,

$$\ln k = \ln A - E_a/RT$$

onde o coeficiente angular é $-E_a/R$ e o coeficiente linear = $\ln A$.

Para determinar a energia de ativação, E_a, basta determinar k a várias temperaturas e construir o gráfico linear

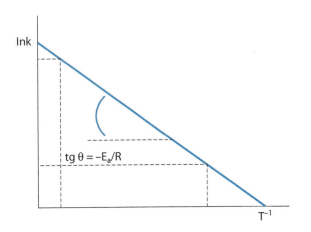

Figura 4.4
Gráfico logarítmico da equação de Arrhenius.

de Arrhenius. A energia de ativação é dada pelo coeficiente angular da reta. Para simplificar o trabalho, podemos tomar os valors de k a duas temperaturas distintas, T_1 e T_2, e substituir na equação de Arrhenius.

$$\ln k_1 = \ln A - E_a/RT_1$$
$$\ln k_2 = \ln A - E_a/RT_2.$$

Subtraindo as duas equações

$$\ln (k_2/k_1) = (E_a R)(1/T_1 - 1/T_2)$$
$$E_a = [R \ln k_2/k_1]/(1/T_1 - 1/T_2).$$

Algumas energias de ativação estão exemplificadas a seguir:

a) hidrólise alcalina do acetato de etila, em meio aquoso:

$$CH_3C(O)O—C_2H_5 + NaOH \rightarrow CH_3COONa + C_2H_5OH$$
$$E_a = 47 \text{ kJ mol}^{-1}$$

b) conversão do cianato de amônio em ureia:

$$NH_4CNO \rightarrow (NH_2)_2C{=}O \qquad E_a = 97 \text{ kJ mol}^{-1}$$

c) abertura do anel de ciclopropano:

$$C_3H_6 \rightarrow CH_2—CH{=}CH_2 \qquad E_a = 272 \text{ kJ mol}^{-1}$$

d) síntese e decomposição do HI

$$H_2 + I_2 \rightarrow 2HI \qquad E_a = 165 \text{ kJ mol}^{-1}$$
$$2HI \rightarrow H_2 + I_2 \qquad E_a = 167 \text{ kJ mol}^{-1}.$$

Teoria do estado de transição

A teoria do complexo ativado foi remodelada, com uma visão termodinâmica, por Henry Eyring (1901-1981). O modelo proposto por Eyring foi que, no percurso que leva à formação dos produtos, os reagentes passam por um estado de transição (ou complexo ativado), com uma variação de energia livre positiva, $\Delta G^{\ddagger}$, denominada energia livre de ativação (Figura 4.3).

A constante de velocidade e a temperatura se relacionam por meio de

$$k_r = \frac{kT}{h} e^{-\Delta G^{\neq}/RT}$$

onde, k = constante de Boltzmann, T = temperatura absoluta e h = constante de Planck.

O termo kT/h tem uma unidade física igual a s^{-1}, e pode ser associado a uma frequência de desativação do complexo ativado.

Considerando que $\Delta G^{\ddagger} = \Delta H^{\ddagger} - T\Delta S^{\ddagger}$, a expressão fica igual a

$$k_r = \frac{kT}{h} e^{-\Delta H^{\ddagger}/RT} e^{\Delta S^{\ddagger}/R} .$$

Assim, é fácil constatar que a energia de ativação tem uma contribuição entálpica, $\Delta H^{\ddagger}$, e outra de natureza entrópica, expressa por $\Delta S^{\ddagger}$. Esses termos são conhecidos como entalpia e entropia de ativação, respectivamente. A entalpia de ativação geralmente é positiva, e depende das mudanças estruturais no complexo ativado.

A entropia de ativação também pode ser positiva ou negativa. Uma entropia de ativação positiva (lembre-se que $S = k \ln W$) indica que a formação do complexo ativado ocorre com um aumento do número de configurações possíveis, ou graus de liberdade. É o caso de reação com quebra de ligação no complexo ativado (mecanismo dissociativo), gerando um número maior de partículas ou fragmentos. O caso oposto, de entropia de ativação negativa, implica a diminuição do número de partículas ou configurações no complexo ativado. É o caso de reação envolvendo associação ou formação de ligações no complexo ativado (mecanismo associativo).

Mecanismos e processos elementares

Uma reação química raramente ocorre em uma única etapa. Em geral, acontecem várias etapas intermediárias, que, ao serem somadas, fornecem uma equação correspondente à reação química com sua estequiometria global.

Por exemplo,

$$H_2O_2 + 2Br^- + 2H^+ \rightarrow Br_2 + 2H_2O.$$

Se essa transformação ocorresse em uma única etapa, teria de ocorrer uma colisão simultânea de cinco partículas: uma molécula de peróxido de hidrogênio (água oxigenada) com dois íons brometo e dois íons H^+. Entretanto, a ciência tem demonstrado que a colisão, ao mesmo tempo, de mais do que três partículas é um evento altamente improvável.

Na realidade, as reações ocorrem em etapas, nas quais colidem duas partículas (moléculas, íons ou átomos) por vez. Essas etapas se chamam processos (ou etapas) elementares. Reunindo todo o conjunto de etapas elementares envolvidas, chega-se ao mecanismo da reação.

O número de partículas que tomam parte no processo elementar é chamado molecularidade. Tendo em vista que, no processo elementar, a colisão está limitada a um máximo de três partículas, podemos ter processos unimoleculares, bimoleculares e trimoleculares (ou termoleculares).

a) Processo elementar unimolecular

Neste caso, apenas uma partícula está envolvida. Em geral, é uma espécie química que apresenta maior conteúdo energético que nas condições normais. Isso pode ocorrer em razão da aquisição de energia por meio de choques inelásticos com outras partículas ou mesmo com as paredes do recipiente. Esta energia também pode ser adquirida por aquecimento, por absorção de energia luminosa ou de diversos tipos de radiação eletromagnética. Chega-se, assim, ao estado excitado, que facilmente se transforma em produtos. O maior conteúdo energético é indicado, na equação que representa a reação, por meio de um asterisco (*) colocado em sobrescrito.

Exemplos:

$$N_2O_5{}^* \rightarrow NO_2 + NO_3$$
$$O_3{}^* \rightarrow O_2 + O$$

$C_3H_6^*$(ciclopropano) $\rightarrow H_3C—CH=CH_2$ (propeno).

No segundo exemplo, vemos uma molécula excitada de ozônio se decompondo em uma molécula de oxigênio. Processos unimoleculares desse tipo podem ocorrer nas altas camadas da atmosfera.

b) Processo elementar bimolecular

Este é o tipo mais comum de etapa elementar, pois envolve duas partículas. Seguem-se alguns exemplos, nos quais os reagentes e produtos são gasosos:

$$NO + O_3 \rightarrow NO_2 + O_2$$
$$Ar + O_3^* \rightarrow Ar + O_3.$$

Processos desse tipo ocorrem na atmosfera, especialmente na estratosfera. O primeiro processo corresponde à reação bimolecular responsável pela destruição da camada de ozônio pelo monóxido de nitrogênio, proveniente de motores a combustão interna dos veículos automotivos. O segundo representa a desativação de uma molécula excitada de ozônio, pela colisão inelástica com um átomo de argônio.

c) Processo elementar trimolecular

O processo trimolecular, também chamado termolecular, envolve três partículas. Geralmente, o terceiro componente está presente em grande excesso, aumentando, dessa forma, a probabilidade da ocorrência do evento. Exemplos (estado gasoso):

$$O + O_2 + N_2(\text{excesso}) \rightarrow O_3 + N_2 \text{ (excesso)}$$
$$O + NO + N_2(\text{excesso}) \rightarrow NO_2 + N_2 \text{ (excesso).}$$

Vemos aqui dois casos interessantes, nos quais a terceira espécie química, o N_2, funciona como receptor de energia. Durante o choque inelástico de três partículas, duas sofrem rearranjos pela quebra e formação de novas ligações, e a energia liberada acaba sendo absorvida pela terceira partícula, sob a forma de energia cinética. Lembra, de certa forma, o bem conhecido jogo de três bolas metálicas suspensas por cordas, em que a colisão da primeira provoca a saída da terceira.

Equações de velocidade

Um ponto importante do estudo cinético é a determinação da equação de velocidade, por exemplo,

$$v = k\,[A]^m\,[B]^n.$$

Essa equação mostra como a velocidade da reação varia com as concentrações dos reagentes, e os expoentes **m** e **n** expressam a ordem da reação com respeito a cada reagente. A ordem total da reação é dada pela soma dos expoentes, $m + n$. A nomenclatura de primeira ou segunda ordem se aplica para designar um expoente igual a 1 ou 2, respectivamente.

Em muitos casos se está interessado, também, na variação da concentração em função do tempo, ou seja, existe o interesse de calcular os intervalos de tempos necessários para formar quantidades determinadas de substâncias.

A expressão matemática da variação da concentração com o tempo pode ser estabelecida por meio da integração das equações diferenciais de velocidade.

O caso mais importante é o processo de primeira ordem,

$$A \rightarrow P$$
$$v = k\,[A].$$

A forma integrada é

$$\ln\{[A]/[A_o]\} = -\,kt.$$

Nesta expressão, $[A]$ é a concentração do reagente em um instante t qualquer, e $[A_o]$ é sua concentração inicial. O ponto a destacar é que a última equação pode ser reescrita:

$$\ln\,[A] - \ln[A_o] = -\,kt$$
$$\ln\,[A] = \ln\,[A_o] - kt.$$

Esta forma final corresponde a uma equação de reta, cujo coeficiente angular é $-k$, e coeficiente linear é ln $[A_o]$.

Em decorrência, um gráfico do logaritmo da concentração em função do tempo mostra uma reta de coeficiente angular negativo. Na base decimal, a equação logarítmica fica:

$$\log [A] = \log [A_o] - kt/2{,}303.$$

Com base nas equações integradas, é possível, a partir do conhecimento da concentração inicial do reagente e de sua constante cinética, calcular a variação de sua concentração e a quantidade de produto formado após um tempo t.

O conceito de meia-vida

O conceito de meia-vida é muito importante em cinética, pelo seu caráter prático. A meia-vida, representada por $t_{1/2}$, é o tempo necessário para que a concentração dos reagentes caia à metade do seu valor inicial.

Para um processo de primeira ordem, a aplicação da equação integrada de velocidade mostra que, quando

$$t = t_{1/2} \rightarrow [A]/[A_o] = 1/2.$$

Portanto,

$$\ln (1/2) = - kt_{1/2}$$

$$t_{1/2} = \frac{\ln 2}{k} = \frac{0{,}2303 \log 2}{k} = \frac{0{,}693}{k}.$$

Exemplos de utilização de tempo de meia-vida estão nos processos de radioatividade. Os núcleos radioativos sofrem um processo de decaimento pela emissão de partículas α (núcleos de hélio), β (elétrons) e de raios γ (ondas elétromagnéticas de alta energia).

Sob o ponto de vista cinético, o processo de decaimento radioativo é de primeira ordem

$$\ln [c/c_o] = kt.$$

Na primeira equação, aparece um quociente de concentrações, que necessariamente corresponderá a um número adimensional. Isto permite que as concentrações sejam expressas em quaisquer unidades, não só mol/L, mas também em número de partículas por unidade de volume.

Alguns valores de constantes de decaimento radioativo e tempos de meia-vida estão relacionados a seguir:

^{238}U $k = 1,54 \times 10^{-10}$ ano^{-1} $t_{1/2} = 4,51 \times 10^9$ anos

^{235}U $k = 9,72 \times 10^{-10}$ ano^{-1} $t_{1/2} = 7,13 \times 10^8$ anos

^{137}Cs $k = 0,0210$ ano^{-1} $t_{1/2} = 33$ anos

^{131}I $k = 0,087$ dia^{-1} $t_{1/2} = 8$ dias.

O isótopo de urânio, ^{235}U, ocorre em abundância muito menor que o ^{238}U, ou seja, 0,7 e 99,3%, respectivamente. O ^{235}U é o único material fissil (que pode ser usado em reatores de fissão ou quebra de núcleos) de ocorrência natural, estável. O ^{137}Cs é o isótopo radioativo usado em equipamentos de radiodiagnóstico, que se tornou conhecido em virtude do acidente nuclear em Goiânia, em setembro de 1987. Esse acidente foi o segundo mais grave, em termos de vidas humanas, após o de Chernobyl, na Rússia, em 1986. O ^{131}I tem meia-vida medida em dias e não em anos, como os demais. É usado em medicina, para acompanhamento, por meio de detectores de radiação, do funcionamento da glândula tireoide e para a localização de tumores no fígado e no cérebro.

Uma aplicação muito importante da cinética de decaimento radioativo é a datação de achados arqueológicos, principalmente os derivados da madeira, pelo método do carbono-14, ^{14}C. Esse método foi desenvolvido em 1947, e valeu o Prêmio Nobel de 1960 ao seu autor, o químico W. F. Libby (1908-1980).

O isótopo ^{14}C tem meia-vida, $t_{1/2} = 5.730$ anos e se forma a partir do nitrogênio do ambiente, por colisão com nêutrons gerados pela ação dos raios cósmicos sobre altas camadas da atmosfera, segundo o processo radioquímico representado a seguir:

$$^{14}_{7}N + ^{0}_{1}n \rightarrow ^{14}_{6}C + ^{1}_{1}H.$$

O isótopo de carbono-14 é instável e decai por emissão β, que é constituída por elétrons:

$$^{14}_{6}C \rightarrow {}^{14}_{7}N + {}^{0}_{-1}e.$$

Em razão desses processos de formação e decomposição do carbono-14, sua concentração na superfície da terra é constante. As plantas, por meio da fotossíntese, transformam gás carbônico em carboidratos, incorporando assim em sua constituição o isótopo radioativo do meio circundante. Enquanto a planta está viva, a concentração de carbono-14 no seu interior é igual à do ambiente. Quando o vegetal morre, deixa de realizar fotossíntese, ou seja, não mais absorve gás carbônico do ambiente. Em consequência, a concentração de carbono-14 na planta morta vai diminuindo (pelo processo de decaimento) em relação à do ambiente.

Determinando-se o conteúdo de carbono-14 em um objeto arqueológico originado da biosfera, é possível estimar sua idade. Suponha-se, por exemplo, que em um fragmento de embarcação, foi determinado que o conteúdo de carbono-14 ficou reduzido a 72% do seu valor original. Qual seria a sua idade?

Como o isótopo ^{14}C tem $t_{1/2} = 5.730$ anos, pode-se calcular a sua constante cinética:

$$k = 0{,}6932/t_{1/2} = 0{,}6932/5730 = 1{,}2097 \times 10^{-4}\,ano^{-1}.$$

Visto que a concentração de carbono-14 se tornou $= (72/100)\,C_o$,

$$\ln (0{,}72C_o/C_o) = kt.$$

Portanto,

$$t = -\ln 0{,}72/k = -2{,}303 \log 0{,}72/k = 3{,}284 \times$$
$$\times 10^{-1}/1{,}2097 \times 10^{-4}$$

$$t = 2.715 \text{ anos.}$$

O valor estimado do tempo decorrido para o decaimento deixando 72% dos isótopos de carbono-14 é igual a 2.715 anos. Esse tempo representa a época em que possivelmente a madeira foi cortada para construção da embarcação.

As experiências com bombas atômicas que várias nações realizaram, principalmente na década de 1950, introduziram uma contribuição não natural à geração de ^{14}C no ambiente. Este aumento, por causa das explosões nucleares nos tempos de Gerra Fria, é conhecido como Efeito Libby, e implicou a necessidade de introduzir uma correção quando se determina a idade do material arqueológico.

Relação entre as constantes de equilíbrio e as constantes de velocidade

Existe relação entre as constantes de equilíbrio e as de velocidade. A relação depende do número de etapas em que a reação acontece.

a) Reações em uma etapa

Um exemplo de reação que acontece em uma única etapa é aquela envolvida na destruição da camada de ozônio pela ação do monóxido de nitrogênio liberado pelos veículos de combustão interna:

$$NO + O_3 \rightleftharpoons NO_2 + O_2.$$

Como essa reação conduz a um equilíbrio, é preciso analisar a reação direta (supondo os reagentes, escritos à esquerda, formando os produtos) e a reação inversa (os produtos, escritos à direita, regenerando os reagentes).

A reação direta tem constante de velocidade k_1:

$$NO + O_3 \rightarrow NO_2 + O_2 \ (k_1)$$
$$v_1 = k_1\,[NO]\,[O_3].$$

A reação inversa tem constante de velocidade k_1:

$$NO_2 + O_2 \rightarrow NO + O_3 \ (k_{-1})$$
$$v_{-1} = k_{-1}\,[NO_2]\,[O_2].$$

No início da reação, v_{-1} tem seu valor mais alto e v_{-1} é nulo. À medida que a reação acontece, v_1 vai diminuindo (porque as concentrações dos reagentes decrescem) e v_{-1} vai aumentando (porque as concentrações dos produtos aumentam). Pode-se falar que existe uma velocidade efetiva, v_{ef}, de reação, que corresponde à relação:

$$v_{ef} = v_1 - v_{-1}.$$

No equilíbrio, as velocidades de formação dos produtos e de regeneração dos reagentes se igualam:

$$v = v_{-1}$$

e

$$v_{ef} = 0.$$

É importante salientar que o equilíbrio químico representa uma condição de igualdade das velocidades das reações direta e inversa, portanto, é um processo dinâmico. As transformações continuam ocorrendo, mas sem produzir variações de concentração.

Dessa igualdade, decorre que

$$k_1[NO][O_3] = k_{-1}[NO_2][O_2]$$

$$\frac{k_1}{k_{-1}} = \frac{[NO_2][O_2]}{[NO][O_3]} = K \;.$$

b) Reação em duas etapas

Uma reação que acontece em duas etapas é a de formação do fluoreto de nitrosila, substância utilizada como propelente de foguetes:

$$2\,NO_2 + F_2 \rightarrow 2NO_2F$$

etapa 1:

$$NO_2 + F_2 \rightleftharpoons NO_2F + F$$
$$v_1 = k_1\,[NO_2]\,[F_2]$$
$$v_{-1} = k_{-1}\,[NO_2F]\,[F]$$

etapa 2:

$$F + NO_2 \rightleftharpoons NO_2F$$

$$v_2 = k_2 \, [F] \, [NO_2]$$

$$v_{-2} = k_{-2} \, [NO_2F].$$

A condição de equilíbrio dinâmico é expressa pela igualdade das velocidades:

$$v_1 = v_{-1}$$

$$v_2 = v_{-2}.$$

Isto equivale a

$$k_1[NO_2] \, [F_z] = k_{-1} \, [NO_2F][F]$$

$$k_2[F][NO_2] = k_{-2}[NO_2F].$$

Multiplicando cada lado das duas expressões:

$$k_1 k_2 \, [NO_2]^2 \, [F_2] \, [F] = k_{-1} \, k_{-2} \, [NO_2F]^2 \, [F]$$

$$\frac{k_1 \cdot k_2}{k_{-1} \cdot k_{-2}} = \frac{[NO_2F]^2}{[NO_2]^2 [F_2]}.$$

Portanto,

$$\frac{k_1 \cdot k_2}{k_{-1} \cdot k_{-2}} = K \,.$$

Em uma reação de duas etapas, a constante de equilíbrio é igual ao quociente do produto das constantes de velocidade das reações diretas pelo produto das constantes de velocidade das reações reversas.

c) Reações em múltiplas etapas

Para uma reação em múltipas etapas, o equilíbrio acontecerá quando as etapas elementares tiverem atingido o equilíbrio global:

$$v_1 = v_{-1}$$

$$v_2 = v_{-2}$$

$$\cdots$$

$$v_n = v_{-n}.$$

De modo análogo ao caso anterior, chega-se à generalização

$$K = \frac{k_1 \cdot k_2 \ldots k_n}{k_{-1} \cdot k_{-2} \ldots k_{-n}} \, .$$

A constante de equilíbrio de uma reação química depende das constantes de velocidade de todas as etapas, correspondendo ao quociente entre o produto de todas as constantes de velocidade dos processos diretos e o produto de todas as constantes de velocidade dos processos inversos.

Mecanismos de reações

Um dos objetivos fundamentais do estudo de cinética química é o de estabelecer o mecanismo das reações químicas. O conhecimento do mecanismo é importante:

a) do ponto de vista científico, para saber como acontecem as transformações da matéria;

b) do ponto de vista aplicado, para assegurar o correto desempenho de processos tecnológicos, cujos projetos dependem do discernimento de como acontecem as reações para poder controlá-las.

No estabelecimento do mecanismo, é importante notar que a velocidade de uma reação não pode ser maior que a de sua etapa mais lenta. Portanto, a etapa lenta é a etapa determinante da velocidade. Compare-se esta afirmação com o aforismo: nenhuma corrente é mais forte que seu elo mais fraco. Outra analogia pode ser feita com o tráfego; os veículos mais lentos sempre acabam controlando a velocidade do fluxo na pista.

O passo mais importante no estudo dos mecanismos de reação é o estabelecimento da lei de velocidade, equação que expressa, de forma quantitativa, como a velocidade varia com a concentração dos reagentes. Um ponto importante a ser notado é que:

"A lei de velocidade, ao descrever a participação dos reagentes, e sua molecularidade, acaba fornecendo a composição química do complexo ativado".

Por exemplo, se a lei de velocidade da reação

$$a[A] + b[B] + c[C] \rightarrow P \text{ (produto)}$$

é dada por

$$v = d[P]/dt = k[A]^x[B]^y[C]^z$$

podemos inferir que o complexo ativado contém o equivalente a x moléculas de A, y moléculas de B e z moléculas de C. Note que a ordem (expoente) com respeito aos reagentes A, B e C, não é necessariamente igual aos coeficientes estequiométricos a, b e c.

Para a reação

$$BrO_3^- + 5Br^- + 6H^+ \rightarrow 3Br_2 + H_2O$$

a lei de velocidade determinada experimentalmente é

$$d[Br_2]/dt = k_r[BrO_3^-][Br^-][H^+]^2.$$

De acordo com a lei de velocidade, a composição do complexo ativado envolve $BrO_3^- + Br^- + 2H^+$. Com base nisso, as seguintes formulações podem ser sugeridas para o complexo ativado:

$$<H^+...BrO_3^-...H^+...Br^->, \text{ ou}$$

$$<HBrO_3...HBr>, \text{ ou}$$

$$<H_2BrO_3^+...Br^->.$$

Moléculas de água também podem participar da composição, embora não apareçam de forma explícita na lei de velocidade, em virtude de sua concentração permanecer constante ao longo da reação.

Dessa forma, podemos pensar em um mecanismo que leve, inicialmente, à formação de $HBrO_3$ e HBr, seguido de sua reação até formar o complexo ativado $<HBrO_3...HBr>^*$:

$$BrO_3^- + H^+ \rightleftharpoons HBrO_3 \ (K_1) \text{ etapa rápida de equilíbrio}$$

$$Br^- + H^+ \rightleftharpoons HBr \ (K_2) \text{ etapa rápida de equilíbrio}$$

$$HBrO_3 + HBr \rightleftharpoons <HBrO_3 \cdot HBr>^* \rightarrow \text{Produtos}$$
$$\text{(etapa lenta).}$$

Outra alternativa seria por meio da formação do complexo ativado $<H_2BrO_3^+...Br^->$*

$BrO_3^- + 2H^+ \rightleftharpoons H_2BrO_3^+$ (K) etapa rápida de equilíbrio,

$H_2BrO_3^+ + Br^- \rightleftharpoons <H_2BrO_3^+...Br^->$* Produtos (etapa lenta).

Deve ser notado que as etapas rápidas que se sucedem, após a etapa lenta, não contribuem para a lei de velocidade da reação.

Princípio da reversibilidade microscópica

No caso de reações reversíveis, conhecendo-se a lei de velocidade em um sentido e a constante de equilíbrio, é possível estabelecer a lei de velocidade no sentido oposto, da seguinte forma:

lei de velocidade oposta = (lei de velocidade direta) × Q/K

onde, Q é a expressão analítica do equilíbrio em termos das concentrações dos reagentes e produtos, e K é o valor numérico da constante de equilíbrio. Essa formulação resume o significado do Princípio da Reversibilidade Microscópica, pois a relação entre as leis de velocidade nos dois sentidos da reação deve reproduzir a expressão da constante de equilíbrio.

Por exemplo, para a reação

$$H_3AsO_4 + 3I^- + 2H^+ \rightleftharpoons H_3AsO_3 + I_3^- + H_2O$$

$$K = 6,3 = \frac{[H_3AsO_3][I_3^-]}{[H_3AsO_4][I^-]^3[H^+]^2}.$$

A lei de velocidade no sentido da formação dos produtos é

$$\frac{-d[H_3AsO_4]}{dt} = 0,0063[H_3AsO_4][H^+][I^-].$$

A lei de velocidade no sentido inverso será, portanto:

$$\frac{-d\left[H_3AsO_3\right]}{dt} = 0,0063\left[H_3AsO_4\right]\left[H^+\right]\left[I^-\right]$$

$$\frac{\left[H_3AsO_3\right]\left[I_3^-\right]}{\left[H_3AsO_4\right]\left[I^-\right]^3\left[H^+\right]^2}\frac{1}{6,3}$$

$$\frac{-d\left[H_3AsO_3\right]}{dt} = 0,0010\frac{\left[H_3AsO_3\right]\left[I_3^-\right]}{\left[I^-\right]^2\left[H^+\right]}.$$

CAPÍTULO 5

TRANSFERÊNCIA DE ELÉTRONS E ELETROQUÍMICA

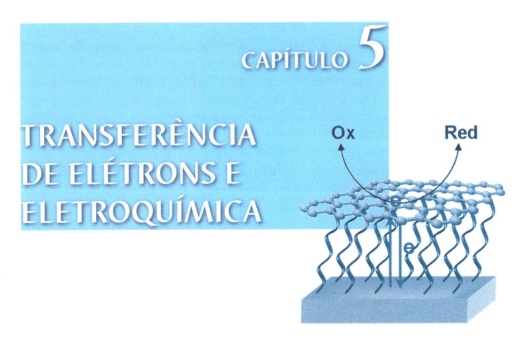

Quando um átomo com tendências doadoras de elétrons, como Na°, e outro com tendências receptoras, como Cℓ°, se comunicam (ou interagem), o elétron migra espontaneamente do doador para o receptor. Esse processo é denominado oxidorredução.

$$Na° + C\ell° \rightarrow Na^+ C\ell^-$$

A espécie que perdeu elétrons sofreu oxidação, e a que recebeu elétrons, sofreu redução. Como os elétrons apresentam cargas unitárias, é possível estabelecer um número que auxilia no balanceamento das trocas que ocorrem entre as espécies doadoras e receptoras. Esse número é formal, ou seja, só tem sentido didático, e é denominado número de oxidação. Ele se confunde com o estado de oxidação, e esses dois termos são, normalmente, utilizados sem qualquer diferenciação.

Por que esse número é formal? Essa é uma questão simples que pode ser respondida por meio dos diagramas de orbitais moleculares. A carga do íon Fe^{2+} no estado gasoso é +2, e esse número caracteriza o estado de oxidação desse íon. Nos complexos $[Fe(H_2O_6)]^{2+}$ e $[Fe(CN)_6]^{4-}$, por exemplo, o ferro também é considerado como tendo estado de oxidação +2. Na realidade, isso é uma formalidade, pois a presença dos ligantes ao redor do ferro acaba levando a uma redução drástica de sua carga efetiva. Isso pode ser comprovado por meio de cálculos de orbitais moleculares, ou de medidas físicas (espectroscópicas). Note que isso acontece em qualquer composto químico. Porém, para fins didáticos, pode-se considerar que os elétrons ficam preferencialmente com os átomos que apresentam maior afinidade por eles, dentro do composto. Isso facilita saber qual é o átomo doador (redutor) e qual o átomo receptor de elétrons (oxidante).

As tendências de doar ou ceder elétrons estão relacionados com a eletronegatividade do elemento. Assim, o número de oxidação (Nox) de um elemento em uma molécula ou íon, pode ser atribuído por meio de algumas regras arbitrárias, com base em suas eletronegatividades relativas e nas cargas elementares ou iônicas. O elemento mais eletronegativo entre os demais, presentes na espécie química, sempre apresentará número de oxidação negativo. Essas regras, que são muito úteis, podem ser resumidas nas seguintes linhas:

1. Na forma elementar, por exemplo, S_8, P_4, O_2, O_3, os átomos sempre apresentam número de oxidação zero.

2. Para um íon monoatômico, o número de oxidação é igual à sua carga; por exemplo, Al^{3+} tem número de oxidação igual a +3, e $C\ell^-$ tem número de oxidação −1.

3. Os íons de metais alcalinos são geralmente monopositivos e apresentam número de oxidação +1; o dos metais alcalino-terrosos são bipositivos e apresentam número de oxidação +2.

4. A soma algébrica dos números de oxidação de cada átomo em uma espécie é igual à carga elétrica global que esta apresenta. Por exemplo, no íon permanganato, $[MnO_4]^-$, a soma dos números de oxidação do Mn e dos quatro oxigênios deve ser igual a −1. Portanto,

$$N_{ox}(Mn) + 4\{N_{ox}(O)\} = -1.$$

5. Os elementos mais eletronegativos, como o flúor e o oxigênio, apresentam $N_{ox} = -1$ e −2, respectivamente. No caso do oxigênio, existem exceções, como nos peró-

xidos, (por exemplo, H_2O_2), ou quando está combinado com o flúor (por exemplo, OF_2), que é um elemento ainda mais eletronegativo.

- No peróxido de hidrogênio, H_2O_2, visto que o N_{ox} do hidrogênio é +1, de acordo com o balanceamento de cargas, o N_{ox} do oxigênio será –1.

- No OF_2, o N_{ox} do fluor é –1 (por ser o elemento mais eletronegativo) e, dessa forma, o N_{ox} do oxigênio passa a ser +2.

6. O N_{ox} do hidrogênio, em compostos formados com elementos mais eletronegativos, é sempre +1. Contudo, nos compostos formados com os metais e semimetais, que são elementos menos eletronegativos que o hidrogênio, seu N_{ox} é igual a –1.

Uma forma de facilitar o uso dos números de oxidação é colocá-los como expoentes à direita do símbolo do elemento correspondente. Por exemplo, para o íon permanganato, $[MnO_4]^-$ podemos usar a seguinte representação:

$$[Mn^x (O^y)_4]^{1-}$$

onde, x e y são os números de oxidação dos elementos. Pelo balanceamento de cargas, sabemos que

$$x + 4y = -1$$

porém, como $y = -2$ (N_{ox} típico do oxigênio), então

$$x + 4(-2) = -1$$

e, portanto, o N_{ox} do Mn será $x = +7$.

Novamente, deve ser ressaltado que esse número é formal. Ele expressa uma realidade física, apenas no sentido qualitativo, porém serve como indicativo de uma carga relativamente alta sobre o manganês. O valor real só pode ser conhecido por meio de cálculos de orbitais moleculares ou de medidas espectroscópicas. E, com certeza, será bem menor do que +7. Parece uma arbitrariedade, porém, como as mesmas regras são mantidas para todos os compostos, na prática, os critérios acabam funcionando perfeitamente.

Com exceção dos elementos enquadrados nas regras 1-6, o número de oxidação é muito variável, e reflete as características eletrônicas das espécies químicas em que se encontram. Por exemplo, nas espécies $[Mn(CO)_5]^-$, $Mn_2(CO)_{10}$, MnO, MnO_2, $[MnO_4]^-$ os N_{ox} do Mn são -1, 0, 2, 4 e 7, respectivamente. Quando vários estados de oxidação são possíveis em uma série de compostos, um número de oxidação elevado revelará uma tendência oxidante, e um número de oxidação baixo revelará uma tendência redutora.

Um hábito frequente é o uso de números romanos para indicar o estado de oxidação dos elementos nos compostos, para diferenciá-los das cargas iônicas (indicadas em algarismos arábicos). Por exemplo, note a diferença entre Mn^{2+} e $[Mn^{II}O]$. Para as espécies $[Mn^{VI}O_4]^{2-}$, $[Mn^{VII}O_4]^-$, essa opção é preferível, pois não existem íons Mn^{6+} ou Mn^{7+} como formas livres, em solução. Se pudéssemos gerar esses íons em solução, com certeza eles oxidariam a água instantaneamente, convertendo-se em Mn^{2+} que é a forma mais estável.

Nesse ponto, é útil fazer algumas considerações em termos dos orbitais moleculares, como ilustrado na Figura 5.1. Na formação de uma ligação, deve haver uma coerência energética ou eletronegatividade dos elementos, expressa pelos seus orbitais de fronteira, de tal forma que o nível eletrônico do doador (D) sempre se situa abaixo do nível eletrônico do receptor ou aceitador (A).

Quando os átomos apresentam eletronegatividades muito diferentes, os níveis eletrônicos ou orbitais de fronteira do doador (D) e do aceitador ou receptor (A) estarão mais distantes energeticamente e irão interagir fracamente. A função de onda pode ser aproximada como sendo $\psi_{AD} = \psi_D + \lambda\psi_A$, sendo $\lambda \ll 1$. Dessa forma, o átomo doador compartilhará, apenas em pequena extensão, seus elétrons com o átomo receptor. Um reflexo disso é o aparecimento de polaridade na ligação. A polaridade pode ser vista como uma assimetria na distribuição de cargas, e equivale à introdução de certo caráter iônico na ligação, como já foi discutido nos capítulos anteriores.

Quando os átomos apresentam eletronegatividades semelhantes, seus orbitais de fronteira (doador e receptor) terão energias mais próximas, e isso favorecerá o compartilhamento eletrônico, responsável pela formação de ligação

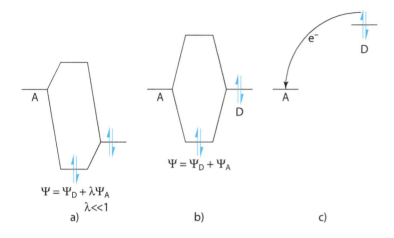

Figura 5.1
a) Representação de um orbital molecular formado entre o doador D, e o aceitador A, com eletronegatividades muito diferentes, levando a uma pequena transferência de carga entre ambos; b) Efeito da aproximação energética dos orbitais de fronteira, aumentando a transferência de carga (compartilhamento); c) Inversão das energias dos orbitais do doador e do aceitador, levando a uma transferência total de elétrons (oxirredução).

covalente. O compartilhamento será maximizado, e o caráter covalente atingirá seu maior índice.

Quando, hipoteticamente, o nível eletrônico do doador ultrapassar o nível eletrônico do receptor, o elétron migrará espontaneamente para este último. O resultado disso é um processo de transferência de elétrons, ou oxirredução.

Portando, mudando-se radicalmente o estado de oxidação de um elemento, como o Mn, ao passar do N_{ox} II no $MnCl_2$ para VII no $MnCl_7$ (hipotético), é possível a ocorrência de uma inversão na energia dos orbitais de fronteira. Se o orbital doador (no Cl^-) ficar energeticamente acima do orbital receptor (no Mn^{7+}), a situação será muito instável e levará a uma transferência eletrônica ou oxirredução. Experimentalmente, é fato conhecido que íons de Mn(VII) oxidam Cl^- a Cl^0. Por essa razão, estados de oxidação elevados só ocorrem quando os metais estão combinados com elementos muito eletronegativos, como o oxigênio, o flúor e o cloro. Alguns exemplos típicos são $[MnO_4]^-$, MoO_3, CrO_4^{2-}, $NbCl_5$, UF_6. Parece um pouco complicado, mas vale a pena refletir a respeito desse assunto.

Reações de oxirredução

As reações de oxirredução envolvem passagem de elétrons entre as espécies químicas que estão se transformando. Essas espécies podem ser moléculas, íons ou átomos.

Esquematicamente, é possível separar as duas etapas e, depois, somá-las:

$$Ox_1 + n\ e^- \rightleftharpoons Red_1$$
$$+\ \ \underline{Red_2 \rightleftharpoons Ox_2 + n\ e^-}$$
$$=\ \ Ox_1 + Red_2 \rightleftharpoons Red_1 + Ox_2.$$

Aqui vemos que a forma oxidada da substância 1, Ox_1, se reduz, ou seja, se transforma na forma reduzida 1, Red_1, pelo recebimento de n elétrons. Já a espécie reduzida 2, Red_2, dá origem à forma oxidada 2, Ox_2, pela perda de n elétrons. O processo global é a soma das reações parciais. Observe que, na reação química resultante, não aparecem formalmente os elétrons, pois estes acabam sendo eliminados no processo de soma das etapas parciais.

Pilhas

O nome pilha é decorrente do arranjo utilizado por A. Volta (1745-1827), que construiu o primeiro dispositivo em 1800, fazendo o empilhamento de pares de discos de zinco e prata, separados por papelão embebido em salmoura. Depois, surgiram pilhas baseadas em eletrodos de cobre e zinco mergulhados em diferentes ácidos. A possibilidade de obter energia elétrica a partir das reações de oxidorredução marcou a conquista de uma das maiores comodidades que o homem tem ao seu serviço. Dispondo convenientemente as espécies que se oxidam e se reduzem, e permitindo que os elétrons trocados entre elas passem através de um fio condutor, obtém-se uma fonte de eletricidade compacta, de fácil transporte e confiável.

De fato, uma reação de oxidorredução pode ser constatada quando se mergulha uma placa de zinco metálico em uma solução de sulfato de cobre. Verifica-se que a superfície fica recoberta de uma camada de cobre, ao mesmo tempo em que o zinco metálico se dissolve na solução, dando origem a cátions de zinco. O processo pode ser formulado assim:

$$Cu^{2+} + 2e^- \rightleftharpoons Cu$$
$$+\ \ \underline{Zn \rightleftharpoons Zn^{2+} + 2e^-}$$
$$=\ \ Cu^{2+} + Zn \rightleftharpoons Cu + Zn^{2+}.$$

As reações que mostram as trocas parciais de elétrons são chamada de semirreações ou meias reações. O processo de oxidação do zinco metálico por ação de íons cobre pode ser representado por duas semirreações. Uma prova de que realmente ocorre passagem de elétrons está na possibilidade de se construir um dispositivo que permitirá conduzi-los através de um fio! Para isso, basta colocar uma lâmina de cobre em contato com uma solução de sulfato de cobre e uma lâmina de zinco em contato com uma solução de sulfato de zinco, ambas unidas por uma membrana porosa, formando a chamada Pilha de Daniell, conforme ilustrado na Figura 5.2.

A conexão de um voltímetro entre as placas metálicas mostrará o aparecimento de uma diferença de potencial (1,10 V), juntamente com a passagem de uma corrente elétrica. O dispositivo montado é uma pilha, que pode ser separada em duas partes, onde se processam as semirreações. Um detalhe importante é a presença da membrana porosa que separa as duas soluções, permitindo a migração de íons por meio dela. Essa migração é necessária para manter a eletroneutralidade (balanço de cargas) na solução, fechando o circuito elétrico. Esse separador também pode ser substituído por um tubo em U (Figura 5.3), que contém uma solução saturada de cloreto de potássio, ou

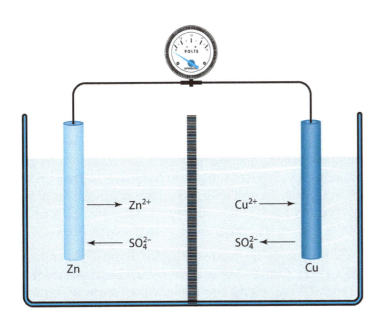

Figura 5.2
Esquema da Pilha de Daniell, formada por duas placas de zinco e cobre mergulhadas em soluções de sulfato de cobre e sulfato de zinco, separadas por uma parede (membrana) porosa.

Figura 5.3
Cela eletrolítica de Zn/Cu com uma ponte salina de KCℓ em gelatina, colocada em um tubo em U.

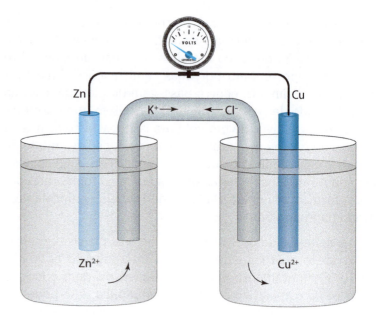

misturada com gelatina, para dar consistência. Isso facilita o manuseio da ponte salina e a montagem do dispositivo.

A ponte salina tem a função de suprir os íons necessários em cada uma das semipilhas para se manter a eletroneutralidade, ou seja, igual número de cargas positivas e negativas. Embora a pilha funcione, gerando eletricidade, qualquer uma das soluções não estará carregada. As cargas surgem apenas sobre os metais em contato com as soluções, como decorrência da perda ou ganho de elétrons. Na Pilha de Daniell, a semipilha de zinco tem a concentração de íons Zn^{2+} aumentada pelo processo de oxidação. Poderíamos pensar que isso daria origem a um excesso de cargas positivas, o que não acontece, pois ânions da ponte passam para a solução, neutralizando a carga correspondente a cada Zn^{2+} assim que ele se forma. Do mesmo modo, na semipilha de cobre, em função do desaparecimento de íons Cu^{2+}, em razão da redução, poderiam acumular-se ânions SO_4^{2-} sem os respectivos cátions. Nesse caso, os íons potássio, K^+, saem da ponte salina para a solução de $CuSO_4$.

Os processos de oxidorredução envolvem a transformação entre formas oxidadas e reduzidas, pela troca de elétrons. Assim, quando se fornecem elétrons às espécies químicas ou, de alguma forma, se cria a possibilidade de retirá-los, tem lugar um processo de interconversão de formas oxidadas e reduzidas.

Chama-se eletrólise à transformação química promovida pela passagem da corrente elétrica. Para viabilizá-la, utilizamos uma cela eletrolítica, que nada mais é do que um recipiente com dois eletrodos ligados a uma fonte de eletricidade.

Uma eletrólise importante é a da salmoura (solução concentrada de cloreto de sódio), na indústria eletroquímica. Graças a ela, é possível preparar cloro e hidrogênio gasosos, além de soda e hipoclorito de sódio.

Outro processo eletrolítico importante é o da obtenção do magnésio a partir do cloreto de magnésio fundido – o chamado Processo Dow. É muito fácil calcular a quantidade de magnésio que se reduz na cuba eletrolítica. Basta olhar a estequiometria da semirreação de redução:

$$Mg^{2+} + 2e^- \rightleftharpoons Mg$$

Pode-se ver que 1 mol de íons Mg^{2+} recebe 2 mol de elétrons, produzindo 1 mol de metal. A carga de 1 mol de elétrons é facilmente calculada, considerando que:

carga de 1 mol de elétrons = $N_A \cdot e^- = 6,0220 \times 10^{23}$ (elétron/mol) $\times 1,6022 \times 10^{19}$ (coulomb/elétron) = = 96.485 (C/mol de elétrons).

A carga de 1 mol de elétrons, 96.485 C, recebe o nome de Faraday, cujo símbolo é F.

$$F = 96.485 \text{ C}$$

Retomando a equação de redução do Mg^{2+}, podemos afirmar que 1 mol de íons magnésio recebe 2 F de eletricidade para produzir 1 mol de magnésio metálico. Esta informação é tudo de que precisamos para saber quanto metal se forma, quando, por meio da cuba, passa uma corrente i, durante certo tempo t. De fato, a corrente é dada pelo quociente da carga pelo tempo,

$$i = q/t$$

e a carga, por sua vez, pode ser obtida multiplicando-se a

corrente pelo tempo:

$$q = i \cdot t.$$

Assim, torna-se fácil montar a regra estequiométrica que permite calcular a quantidade de produto formado:

$$Ox^{+n} + ne^- \rightleftharpoons Red.$$

Se nF são necessários para gerar 1 mol da forma reduzida (Red), uma carga q poderá gerar x mol. Portanto,

$$q = i \cdot t = x\,\text{mol} = x\,\text{nF}$$

$$x = \frac{i \cdot t}{\text{nF}}.$$

Esta fórmula matemática decorre do trabalho de M. Faraday (1791-1867), que estabeleceu as primeiras leis da eletrólise:

- a quantidade de material alterado quimicamente, pela passagem de eletricidade, é proporcional à carga $q = i \cdot t$.

- a mesma quantidade de eletricidade aplicada a diferentes substâncias produz alterações, medidas em mol, proporcionais ao número de elétrons trocados em cada uma.

Coeficientes estequiométricos das equações de oxidorredução

Pelo fato de o número de elétrons fornecidos por um reagente redutor ser exatamente igual ao número de elétrons captados pelo oxidante, as semirreações fornecem um método eficiente de ajustar coeficientes estequiométricos de reações de oxidorredução. As reações parciais são somadas de tal forma que, depois de multiplicadas por fatores convenientes, o número de elétrons seja cancelado na reação global. Por exemplo, a oxidação do Fe^{2+} por permanganato pode ser escrita:

$$Fe^{2+} \rightleftharpoons Fe^{3+} + e^-$$

$$MnO_4^- + 8H^+ + 5e^- \rightleftharpoons Mn^{2+} + 4H_2O.$$

Para obter a reação global, temos de multiplicar todos os termos da primeira semirreação por cinco de forma a igualar o número de elétrons que participam na segunda semirreação. Depois disso, basta somar:

$$5Fe^{2+} \rightleftharpoons 5Fe^{3+} + 5e^-$$
$$+ \quad MnO_4^- + 8H^+ + 5e^- \rightleftharpoons Mn^{2+} + 4H_2O$$
$$= \quad 5Fe^{2+} + MnO_4^- + 8H^+ \rightarrow 5Fe^{3+} + Mn^{2+} + 4H_2O.$$

Ao final, os cinco elétrons que apareciam nas semirreações foram cancelados na reação global.

Um caso mais complicado pode ser a obtenção de cloro a partir de cloreto por reação com permanganato em meio ácido. As semirreações representativas são:

$$2\,C\ell^- \rightleftharpoons C\ell_2 + 2e^-$$
$$MnO_4^- + 8H^+ + 5e^- \rightleftharpoons Mn^{2+} + 4H_2O$$

Aquí, para eliminar os elétrons da soma final, é preciso multiplicar a primeira semirreação por cinco e a segunda por dois. Esse esquema de multiplicação cruzada pode ser generalizado para qualquer caso, e é muito eficiente.

$$10C\ell^- \rightleftharpoons 5C\ell_2 + 10e^-$$
$$+ \quad 2MnO_4^- + 16H^+ + 10e^- \rightleftharpoons 2Mn^{2+} + 8H_2O$$
$$= \quad 10C\ell^- + 2MnO_4^- + 16H^+ \rightleftharpoons 5C\ell_2 + 2Mn^{2+} + 8H_2O.$$

Pilhas e espontaneidade das reações

Conforme mostrado anteriormente, por meio de duas reações é possível fazer a corrente de elétrons passar através de um condutor. Assim, os elétrons trocados entre as espécies químicas podem ser usados para alimentar um equipamento elétrico.

Algumas questões ainda podem ser colocadas:

a) Postas duas espécies químicas em contato, qual delas se oxidará ou reduzirá?

b) É possível prever a diferença de potencial de uma pilha?

Para responder estas perguntas é preciso criar uma escala de referência, onde constem todas as semirreações e todos os potenciais da pilha formada entre cada uma delas e uma semirreação padrão. Esses potenciais devem ser medidos em condições também padronizadas.

A semirreação escolhida para criar a escala de referência é a seguinte:

$$2H^+(aq) + 2e^- \rightleftharpoons H_2.$$

Para elaborar essa semipilha, basta tomar um eletrodo inerte de platina, mergulhá-lo em uma solução de ácido e, sobre ele, borbulhar hidrogênio gasoso. A Figura 5.4 mostra a montagem experimental. Essa semipilha é denominada eletrodo de hidrogênio, e pode ser combinada com qualquer outra. Como a semirreação é um processo reversível, pode ocorrer nos dois sentidos.

O procedimento de medida será baseado em pilhas especialmente construídas, tendo, de um lado, o eletrodo de hidrogênio e, do outro, um eletrodo sensível à semirreação de interesse. Esse eletrodo pode ser um fio de metal nobre, como ouro ou platina. A diferença de potencial medida será a soma algébrica dos potenciais das semirreações:

Figura 5.4
Esquema de uma pilha de hidrogênio.

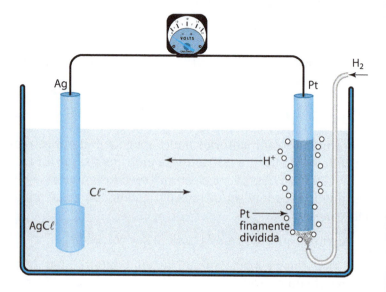

$$\Delta E = E_{ox/red} + E_{H_2/H^+}$$

onde $E_{ox/red}$ corresponde ao potencial da semipilha com a reação de interesse, e E_{H_2/H^+} é o potencial do eletrodo de hidrogênio. ΔE é a diferença de potencial da pilha montada. É necessário introduzir, neste ponto, uma convenção de sinal: quando a reação espontânea da pilha ocorre, conforme foi representada na equação (da esquerda para a direita, ou reagentes à esquerda e produtos à direita), o sinal de ΔE será positivo. Se ocorrer no sentido oposto, ΔE será negativo.

É preciso trabalhar em condições padronizadas, para assegurar a comparabilidade de resultados, ou seja:

a) pressão de 1 atm;

b) todas as espécies solúveis apresentam concentração $1 \ mol \ L^{-1}$.

Para evidenciar medidas realizadas no estado padrão, adota-se o subescrito zero, como em ΔE^o, $E^o_{ox/red}$, $E^o_{H_2/H^+}$.

Por convenção, para o eletrodo de hidrogênio no estado padrão, o seu potencial é nulo, ou seja, $E^o_{H_2/H^+} = 0$, a qualquer temperatura. Dessa forma,

$$\Delta E^o = E^o_{ox/red}.$$

Portanto, a diferença de potencial medida corresponde ao próprio potencial da semirreação em estudo. $E^o_{ox/red}$ é chamado de potencial padrão de eletrodo.

Ainda é preciso observar um detalhe: às vezes, o processo de redução ocorre no eletrodo de hidrogênio; outras vezes, a redução acontece no eletrodo em estudo. A distinção desses dois casos é feita com um sinal. Quando a semirreação do eletrodo em consideração acontece como redução, o sinal do potencial correspondente será positivo. Quando acontecer como oxidação, o potencial será negativo.

Os dados tabelados permitem construir uma escala de potenciais padrão de redução, como pode ser visto na Tabela 5.1.

A tabela de potenciais padrão permite prever o sentido espontâneo de uma reação química. Por exemplo, será que

Tabela 5.1 – Potenciais padrão de redução, a 25 °C

Semirreação	$E^o_{ox/red}/V$
$Li^+ + e^- \rightleftharpoons Li$	–3,045
$K^+ + e^- \rightleftharpoons K$	–2,924
$Na^+ + e^- \rightleftharpoons Na$	–2,712
$Mg^{2+} + e^- \rightleftharpoons Mg$	–2,375
$A\ell^{3+} + e^- \rightleftharpoons A\ell$	–1,706
$Zn^{2+} + e^- \rightleftharpoons Zn$	–0,763
$Fe^{2+} + e^- \rightleftharpoons Fe$	–0,409
$Cd^{2+} + e^- \rightleftharpoons Cd$	–0,403
$Co^{2+} + e^- \rightleftharpoons Co$	–0,29
$Ni^{2+} + e^- \rightleftharpoons Ni$	–0,231
$Sn^{2+} + e^- \rightleftharpoons Sn$	–0,136
$Pb^{2+} + e^- \rightleftharpoons Pb$	–0,126
$2H^+(aq) + 2e^- \rightleftharpoons H_2(g)$	0
$Cu^{2+} + e^- \rightleftharpoons Cu$	0,344
$Hg^{2+} + 2e^- \rightleftharpoons 2Hg$	0,799
$Ag^+ + e^- \rightleftharpoons Ag$	0,7996
$Pd^{2+} + e^- \rightleftharpoons Pd$	0,82
$Au^{3+} + 3e^- \rightleftharpoons Au$	1,42

os íons de alumínio oxidam espontaneamente o ferro metálico ou são os íons de ferro que oxidam o alumínio metálico? Para responder esta questão, basta consultar a tabela de potenciais padrão:

$$A\ell^{3+} + 3e^- \rightleftharpoons A\ell \qquad E^o = -1,706 \text{ V}$$

$$Fe^{2+} + 2e^- \rightleftharpoons Fe \qquad E^o = -0,409 \text{ V}$$

O sentido espontâneo da reação será o que apresentar um ΔE^o positivo. Assim, podemos equacionar as reações da seguinte maneira:

$$3 \ (Fe^{2+} + 2e^- \rightleftharpoons Fe) \qquad E^o = -0,409 \ V$$
$$+ \ 2 \ (A\ell \rightleftharpoons A\ell^{3+} + 3e^-) \qquad -E^o = +1,706 \ V$$
$$= \ 3Fe^{2+} + 2A\ell \rightleftharpoons 3Fe + 2A\ell \quad \Delta E^o = 1,297 \ V$$

Note que a primeira reação foi multiplicada por 3 e a segunda por 2, para igualar o número de elétrons das duas semirreações. A diferença de potencial, ΔE^o foi calculada pela soma algébrica dos potenciais de cada semirreação. Nesta soma há dois pontos que merecem destaque:

- A semirreação $A\ell \rightleftharpoons A\ell^{3+} + 3e^-$ foi escrita no sentido inverso ao da redução, e por isso seu potencial foi tomado com sinal contrário.

- Ao multiplicar as semirreações pelos fatores 3 e 2, os potenciais padrão não são multiplicados. Isto acontece porque o potencial padrão E^o é definido para concentrações 1 mol L^{-1} de todas as espécies presentes, e o fato de se multiplicar as semirreações para ajustar os coeficientes não implica mudança na concentração padrão adotada.

O exemplo descrito tem grande importância prática, pois explica por que não se deve colocar rebites ou parafusos de ferro em esquadrias de alumínio. O ferro, em contato com o ar úmido, naturalmente enferruja, formando óxido de ferro que contém íons Fe^{2+}. Em razão do potencial mais negativo do alumínio, este se oxidará para reduzir os íons de ferro, Fe^{2+}, em torno do rebite ou do prego de ferro. Em consequência, um rombo se abrirá no alumínio, em torno do rebite ou do prego de ferro.

Outras questões interessantes podem ser explicadas com base nos valores dos potenciais padrão de redução. Por exemplo,

Por que se acham pepitas de ouro, porém não de ferro ou alumínio na natureza?

Os potenciais padrão associados são:

$$Al^{3+} + 3e^- \rightleftharpoons Al \qquad E^o = -1,706 \text{ V}$$

$$Fe^{2+} + 2e^- \rightleftharpoons Fe \qquad E^o = -0,409 \text{ V}$$

$$Au^{3+} + 3e^- \rightleftharpoons Au \qquad E^o = +1,42 \text{ V}.$$

O potencial padrão de redução do ouro é positivo e alto e, portanto, os íons de ouro têm grande tendência de sofrer redução a ouro metálico. Por outro lado, os potenciais padrão do ferro e do alumínio são negativos, e a tendência é oposta, favorecendo a oxidação. Portanto, se em alguma fase da história do planeta existiu alumínio ou ferro na forma metálica, a grande tendência à oxidação os levou a formar compostos como a bauxita (Al_2O_3) ou hematita (Fe_2O_3), que estão entre os minérios explorados economicamente.

Outra questão é:

Por que é comum sentir uma sensação desagradável ao se morder o papel aluminizado que envolve as barras de chocolate?

Nesse caso, as seguintes semirreações são pertinentes:

$$Al^{3+} + 3e^- \rightleftharpoons Al \qquad E^o = -1,706 \text{ V}$$

$$O_2 + 2H_2O + 4e^- \rightleftharpoons 4OH^- \qquad E^o = +1,23 \text{ V}$$

A segunda reação tem potencial mais positivo que a primeira e, portanto, ocorrerá como redução, enquando a primeira ocorrerá como oxidação:

$$3 \ (O_2 + 2H_2O + 4e^- \rightleftharpoons 4 \ OH^-) \qquad E^o = +1,23 \text{ V}$$

$$+ \ 4 \ (Al \rightleftharpoons Al^{3+} + 3e^-) \qquad\qquad -E^o = +1,706 \text{ V}$$

$$= \ 4Al + 3O_2 + 6H_2O \rightarrow 4Al^{3+} + 12 \ OH^- \text{ ou } 4Al(OH)_3$$
$$\Delta E^o = 2,94 \text{ V}.$$

Na cavidade bucal, é comum se ter reparos com metais, como o ouro ou amálgamas dentárias (mercúrio com prata). Esses metais funcionam como eletrodos sobre os quais o oxigênio pode trocar elétrons para se reduzir. Ao se morder a folha de alumínio, a saliva que forma um meio líquido rico em eletrólitos, atua como ponte salina, conectando os dois eletrodos. Dessa forma a reação descrita passa a ocorrer, produzindo uma sensação desagradável na cavidade bucal.

Dependência do potencial da pilha com a concentração

Até agora, foi mostrado como calcular a diferença de potencial de uma pilha com base nos seus potenciais padrão de meia-reação, apresentados na tabela de E^o. Esses potenciais referem-se a uma situação particular de concentração, de 1 mol/L^{-1} para todas as espécies presentes em solução, considerada como padrão.

Considere-se agora uma pilha, onde ocorre a seguinte reação genérica:

$$aA + bB \rightleftharpoons cC + dD.$$

Qual seria o potencial ΔE dessa pilha, quando as concentrações não correspondem a 1 mol/L^{-1}? A resposta a esta questão foi encontrada em 1889 por W. H. Nernst (1864-1941, Prêmio Nobel – 1920), que tornou célebre a equação:

$$\Delta E = \Delta E^o - \frac{RT}{nF} \ln \left(\frac{[C]^c [D]^d}{[A]^a [B]^b} \right).$$

Nesta equação, as diferenças de potencial da pilha, ΔE, em relação ao estado padrão, ΔE^o, estão relacionadas com as concentrações dos reagentes e produtos, elevadas a expoentes iguais aos coeficientes estequiométricos. As constantes físicas que aparecem são:

R = constante dos gases perfeitos = 8,314 J K^{-1} mol^{-1};
T = temperatura na escala Kelvin;
F = Faraday = 96.485 C mol^{-1};
n = número de elétrons envolvidos.

A equação de Nernst, expressa em logarítmos decimais (note que $\ln X = 2,303 \log X$), com as constantes substituídas pelos valores númericos, fica igual a

$$\Delta E = \Delta E^\circ - \frac{0,0591}{n} \log\left(\frac{[C]^c [D]^d}{[A]^a [B]^b}\right).$$

O termo 2,303 RT/F é igual a 0,0591, considerando que T = 298 K (25 °C). Para outras temperaturas, ele deve ser recalculado.

O produto-quociente de concentrações se assemelha à expressão da constante de equilíbrio, e se torna equivalente a ela, quando a reação de oxidorredução ou a pilha atinge a condição de equilíbrio. Dessa forma, a equação de Nernst proporciona um meio poderoso de obtenção de constantes de equilíbrio para reações de oxidorredução, a partir das medidas de potenciais de pilha.

Uma reação de oxidorredução se processa até que as concentrações dos reagentes e dos produtos atinjam a condição do equilíbrio. Uma pilha deixa de funcionar, não porque os reagentes disponíveis se esgotaram, mas porque a reação química atingiu o ponto de equilíbrio. No equilíbrio da reação de oxidorredução, a diferença de potencial da pilha se torna nula, ou seja, ΔE = O e, portanto,

$$0 = \Delta E^\circ - \frac{0,0591}{n} \log K$$

de forma que

$$K = \frac{[C]^c [D]^d}{[A]^a [B]^b} = 10^{\frac{n\Delta E^\circ}{0,0591}}.$$

Conhecendo-se o valor de ΔE°, é possível calcular K.

Pode-se determinar facilmente a constante de equilíbrio da reação da Pilha de Daniell:

$$Cu^{2+} + 2e^- \rightleftharpoons Cu \qquad E^\circ = 0,34 \text{ V}$$
$$+ \ Zn \rightleftharpoons Zn^{2+} + 2e^- \qquad -E^\circ = 0,76 \text{ V}$$
$$= \ Cu^{2+} + Zn \rightleftharpoons Cu + Zn^{2+} \quad \Delta E^\circ = 0,34 + 0,76 = 1,10 \text{ V}.$$

O número de elétrons, n, é igual a 2. Portanto,

$$K = 10^{2 \times 1,10/0,0591} = 10^{37,225} = 10^{37} \times 10^{0,225} = 1,68 \times 10^{37}.$$

O valor muito elevado da constante de equilíbrio mostra que a reação é totalmente deslocada no sentido da formação do produto.

Outra situação, em que as reações apresentam pequenas diferenças de potenciais, ΔE^o, também é muito interessante de ser analisada com base na equação de Nernst. Por exemplo:

$$Sn^{2+} + 2e^- \rightleftharpoons Sn \qquad E^o = -0{,}136 \text{ V}$$

$$Pb^{2+} + 2e^- \rightleftharpoons Pb \qquad E^o = -0{,}126 \text{ V.}$$

A pilha correspondente ficaria assim representada:

$$Pb^{2+} + 2e^- \rightleftharpoons Pb \qquad E^o = -0{,}126 \text{ V}$$
$$+ \quad Sn \rightleftharpoons Sn^{2+} + 2e^- \qquad -E^o = 0{,}136 \text{ V}$$
$$= \quad Pb^{2+} + Sn \rightleftharpoons Pb + Sn^{2+} \qquad \Delta E^o = +0{,}010 \text{ V}$$

tal que

$$\Delta E = 0{,}10 - \frac{0{,}0591}{2} \log\left(\frac{[Sn^{2+}]}{[Pb^{2+}]}\right).$$

Nessa expressão, não comparecem as concentrações de Pb e Sn, visto que os metais formam outra fase, sólida, com respeito às espécies dissolvidas em solução. Sempre que isso acontecer, a concentração da fase sólida é considerada unitária, e pode ser eliminada das equações de constante de equilíbrio. Isso é facilmente constatado, pois a reação não será afetada se usarmos uma barra de chumbo ou uma lâmina fina desse metal.

Considerando uma situação em que $[Pb^{2+}] = 1{,}0 \text{ mol L}^{-1}$ e $[Sn^{2+}] = 0{,}010 \text{ molL}^{-1}$, a diferença de potencial será:

$$\Delta E = 0{,}010 - (0{,}0591/2)\log(0{,}010/1{,}0)$$

$$\Delta E = 0{,}010 - 0{,}0591(-2)/2 = 0{,}010 + 0{,}0591 = 0{,}0601 \text{ V}$$

Quando $[Pb^{2+}] = 0{,}010 \text{ mol L}^{-1}$ e $[Sn^{2+}] = 1{,}0 \text{ mol L}^{-1}$,

$$\Delta E = 0{,}10 - (0{,}0591/2)\log(1{,}0/0{,}010)$$

$$\Delta E = 0{,}010 - 0{,}0591 = -0{,}0581 \text{ V.}$$

Nessa situação, a diferença de potencial tornou-se negativa, representando uma inversão no sentido da reação. Nas condições padrão os íons de chumbo são reduzidos pelo estanho metálico, mas se a concentração de íons estanho for 100 vezes maior que a de íons chumbo, ocorrerá o contrário. Invertem-se os papéis de oxidante e redutor.

Essa dependência de potenciais eletroquímicos com a concentração tem grande importância no controle de reações no laboratório e na indústria, e também explica porque, em alguns processos bioquímicos, algumas substâncias podem funcionar, às vezes, como oxidante, e outras como redutoras.

Relações termodinâmicas

É possível relacionar ΔE° e lnK com ΔG°. Para isso, convém lembrar que

$$\Delta G^\circ = - RT \ln K$$

$$\Delta E^\circ = \frac{RT}{nF} \ln K$$

$$\ln K = \frac{nF\Delta E^\circ}{RT} \, .$$

Portanto, substituindo ln K na expressão de energia livre,

$$\Delta G^\circ = - nF \, \Delta E^\circ.$$

Resumindo, é muito útil guardar a seguinte correspondência entre grandezas termodinâmicas, eletroquímicas e de equilíbrio:

$$\Delta G^\circ = \Delta H^\circ - T\Delta S^\circ = - nF \, \Delta E^\circ = - RT \ln K.$$

Ciclo termodinâmico para os potenciais de eletrodo

Para compreender a natureza oxidante ou redutora das espécies, é útil a construção dos ciclos termodinâmicos ilustrados na Figura 5.5.

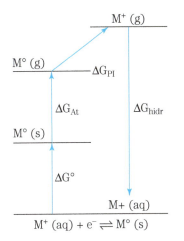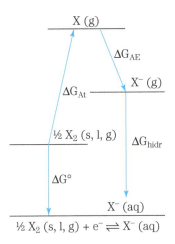

Figura 5.5
Ciclos termodinâmicos para potenciais redox em solução aquosa

De acordo com os diagramas de energia livre da Figura 5.5, a variação da energia livre para o par redox, $\Delta G°$ é dado por

$$\Delta G° = \Delta G_{At} + \Delta G_{PI\ ou\ AE} + \Delta G_{hidr}$$

onde, ΔG_{At} corresponde à energia de atomização, $\Delta G_{PI\ ou\ AE}$ representa o potencial de ionização (ou afinidade eletrônica com sinal trocado em relação ao PI), e ΔG_{hidr} é a energia de hidratação do íon gerado em solução aquosa.

A variação de energia livre ($\Delta G°$) pode ser convertida no potencial redox ($E°$) pela equação

$$\Delta G° = - n \cdot F \cdot E°$$
$$\Delta G° \text{(joule)} = - n \cdot 96.485 E°.$$

A conversão para a escala de potenciais baseadas no eletrodo padrão de hidrogênio necessita de um termo de ajuste, igual a –4,44 V. Assim, os potenciais teóricos ficam dados por

$$E°(V) = - [\Delta G°(\text{joule})/n\ 96.485)] - 4,44.$$

A Tabela 5.2 mostra alguns resultados de cálculos de potencial redox com base nos ciclos termodinâmicos.

A concordância entre os valores calculados e experimentais é muito boa. Os dados da Tabela 5.2 permitem perceber como os fatores influenciam os potenciais redox.

Tabela 5.2 — Ciclo termodinâmico para potenciais de eletrodo (energias em kJ mol^{-1})

	ΔG^o_{At}	$\Delta G_{PI\ ou\ AE}$	ΔG_{hidr}	E^o/V, calcd.	E^o/V, expt.
Li$^+$/Li	128	523	−510	−3,0	−3,04
Na$^+$/Na	77,8	498	−410	−2,7	−2,71
K$^+$/K	61,1	418	−336	−3,0	−2,92
Rb$^+$/Rb	54,0	404	−314	−3,0	−2,93
Cs$^+$/Cs	51,0	377	−282	−2,9	−2,92
Ca^{2+}/Ca	142	1.736	−1.589	−2,9	−2,87
Sr^{2+}/Sr	110	1.615	−1.422	−2,9	−2,89
Ba^{2+}/Ba	143	1.472	−1.317	−2,9	−2,90
Ag$^+$/Ag	247	732	−476	0,75	0,799
½F$_2$/F$^-$	60	−339	−431	2,9	2,87
½Cℓ_2/Cℓ^-	105	−358	−312	1,4	1,36
½Br$_2$/Br$^-$	82	−337	−284	1,2	1,09
½I$_2$/I$^-$	70	−307	−246	0,58	0,54

Por exemplo, comparando os dados para a série dos halogênios é possível ver que o maior poder oxidante do flúor está relacionado com a energia de hidratação mais elevada do íon fluoreto, decorrente do seu menor raio iônico.

O potencial de uma semirreação pode estar fortemente ligado à dependência do próton, quando este participa do processo. Por exemplo, considerando a semirreação

$$2H^+ + C\ell O_4^- + 2e^- \rightleftharpoons C\ell O_3^- + H_2O \qquad E^o = 1,19\ V$$

a equação de Nernst fica igual a

$$E = E^o - (0{,}0591/2)\log\{[C\ell O_3^-]/[C\ell O_4^-][H^+]^2\}.$$

Em meio de $[H^+] = 1$ mol L^{-1}, para concentrações unitárias dos íons, o valor de $E = E^o = 1{,}19$ V. Em meio de $[OH^-] = 1$ mol L^{-1} a concentração de ions H^+ é igual a 10^{-14} mol L^{-1}, e o valor de E fica dado por

$$E = 1{,}19 - (0{,}0591/2)\log 10^{28} = 0{,}36\ V.$$

Diagramas de Latimer

A representação sequencial das semirreações é conhecida como Diagrama de Latimer, e pode ser vista nos esquemas seguintes. Cada passo da sequência envolve apenas uma semirreação, porém duas ou mais semirreações podem compor uma semirreação global por meio de um ciclo, com base na aditividade das energias livres. A dedução do número de elétrons é feita a partir dos números de oxidação das espécies envolvidas.

Por exemplo, no caso da sequência

$$ClO_3^- \xrightarrow[1]{1,21} HClO_2 \xrightarrow[2]{1,64} HOCl \xrightarrow[3]{1,63} Cl_2 \xrightarrow[4]{1,36} Cl^-$$
$$\underbrace{\qquad\qquad\qquad\qquad}_{E^\circ{}_{1-3}}$$

é possível calcular o potencial da semirreação ClO_3^-/Cl_2 a partir das semirreações parciais, considerando que

$$\Delta G(ClO_3^-/Cl_2) = \Delta G(ClO_3^-/HClO_2) + \Delta G(HClO_2/HOCl) + \Delta G(HOCl/Cl_2).$$

Identificando-se cada uma das semirreações por 1, 2 e 3, as energias livres são dadas por

$$n_{1-3}\, F\, E^\circ{}_{1-3} = n_1\, F\, E^\circ{}_1 + n_2\, F\, E^\circ{}_2 + n_3\, F\, E^\circ{}_3 \text{ e}$$
$$E^\circ{}_{1-3} = (n_1 E^\circ{}_1 + n_2 E^\circ{}_2 + n_3 E^\circ{}_3)/n_{1-3}.$$

Portanto,

$$E^\circ{}_{1-3} = (-2 \times 1,21 - 2 \times 1,64 - 1,63)/5 = -1,47 \text{ V}.$$

Em termos gerais, o potencial de uma semirreação global (i-j) pode ser calculado pela somatória das energias livres das semirreações parciais (i), dividida pelo número total de elétrons, ou seja

$$E^\circ{}_{i\text{-}j} = \Sigma(n_i E^\circ{}_i)/\Sigma n_i$$

Corrosão e potenciais padrão

Ferro e outros metais se transformam espontaneamente em seus óxidos quando expostos ao ar. Esse processo,

Diagramas de Latimer – meio ácido

$$H^+ \xrightarrow{0,00} H_2 \xrightarrow{-2,23} H$$

$$O_2 \xrightarrow{-0,13} HO_2 \xrightarrow{1,5} H_2O_2 \xrightarrow{0,72} H_2O + OH^- \xrightarrow{2,82} 2H_2O$$
$$O_2 \xrightarrow{0,67} H_2O_2 \qquad H_2O_2 \xrightarrow{1,77} 2H_2O \qquad O_2 \xrightarrow{1,229} 2H_2O$$

$$H_3BO_3 \xrightarrow{-0,90} B \xrightarrow{-0,14} B_2H_6 \xrightarrow{-0,36} BH_4^-$$

$$NO_3^- \xrightarrow{0,79} N_2O_4 \xrightarrow{1,07} HNO_2 \xrightarrow{0,99} NO \xrightarrow{1,59} N_2O \xrightarrow{1,77} N_2 \xrightarrow{-1,87} NH_3OH^+ \xrightarrow{1,41} N_2H_5^+ \xrightarrow{1,27} NH_4^+$$

$$H_3PO_4 \xrightarrow{0,276} H_3PO_3 \xrightarrow{-0,50} P \xrightarrow{-0,065} PH_3$$

$$H_3AsO_4 \xrightarrow{0,56} H_3AsO_2 \xrightarrow{0,247} As \xrightarrow{-0,60} AsH_3$$

$$SO_4^{2-} \xrightarrow{0,17} H_2SO_3 \xrightarrow{0,45} S \xrightarrow{0,14} H_2S$$

$$SEO_4^{2-} \xrightarrow{1,15} H_2SeO_3 \xrightarrow{0,74} Se \xrightarrow{-0,40} H_2Se$$

$$C\ell O_4^- \xrightarrow{1,19} C\ell O_3^- \xrightarrow{1,21} HC\ell O_2 \xrightarrow{1,64} HOC\ell \xrightarrow{1,63} C\ell_2 \xrightarrow{1,36} C\ell^-$$

$$BrO_4^- \xrightarrow{1,82} BrO_3^- \xrightarrow{1,49} HOBr \xrightarrow{1,59} Br_2 \xrightarrow{1,08} Br^-$$

$$H_5IO_6 \xrightarrow{1,7} IO_3^- \xrightarrow{1,14} HOI \xrightarrow{1,45} I_2 \xrightarrow{0,535} I$$

Diagramas de Latimer – meio básico

$$H_2O \xrightarrow{-0,828} H_2 + OH^- \xrightarrow{-2,23} H^-$$

$$O_2 \xrightarrow{-0,56} O_2^- \xrightarrow{0,41} HO_2^- \xrightarrow{-0,24} OH^- + OH \cdot \xrightarrow{2,0} 2OH^-$$

$$NO_3^- \xrightarrow{-0,86} N_2O_4 \xrightarrow{0,88} NO_2^- \xrightarrow{-0,46} NO \xrightarrow{0,76} N_2O \xrightarrow{0,94} N_2 \xrightarrow{-3,04} NH_2OH \xrightarrow{0,73} N_2H_4 \xrightarrow{0,1} NH_3$$

$$PO_4^{3-} \xrightarrow{-1,12} HPO_3^{2-} \xrightarrow{-1,57} H_2PO_2^- \xrightarrow{-2,05} P \xrightarrow{-0,9} P_2H_4 \xrightarrow{-0,8} PH_3$$

$$AsO_4^{3-} \xrightarrow{-0,67} AsO_3^- \xrightarrow{-0,68} As \xrightarrow{-1,43} AsH_3$$

$$SO_4^{2-} \xrightarrow{-0,91} SO_3^{2-} \xrightarrow{-0,61} S \xrightarrow{-0,48} S^{2-}$$

$$SeO_4^{2-} \xrightarrow{0,05} SeO_3^{2-} \xrightarrow{-0,336} Se \xrightarrow{-0,92} Se^{2-}$$

$$C\ell O_4^- \xrightarrow{0,36} C\ell O_3^- \xrightarrow{0,33} C\ell O_2^- \xrightarrow{0,66} C\ell O^- \xrightarrow{0,40} C\ell_2 \xrightarrow{1,36} C\ell^-$$

$$BrO_3^- \xrightarrow{0,54} BrO^- \xrightarrow{0,45} Br_2 \xrightarrow{1,08} Br^-$$

$$H_3IO_6^{2-} \xrightarrow{0,7} IO_3^- \xrightarrow{0,14} IO^- \xrightarrow{0,45} I_2 \xrightarrow{0,535} I^-$$

chamado de *enferrujamento*, no caso do ferro, ou genericamente de *corrosão*, para todos os metais, é muito importante do ponto de vista prático e econômico. A corrosão compromete a qualidade e o funcionamento das peças metálicas em ferramentas, máquinas e construções. Por outro lado, grandes quantidades de metal se transformam em óxido, o que representa um sério desperdício. No caso do ferro, estima-se que 1/4 do minério extraído se destina à reposição daquele consumido pela ferrugem.

Ao se tratar da corrosão, o primeiro ponto a salientar é que estão envolvidas reações de oxidorredução. Em consequência, os potenciais padrão de redução fornecem a primeira indicação sobre o comportamento oxidante ou redutor das diferentes espécies químicas envolvidas.

Considere, por exemplo, a corrosão do ferro ou ferrugem. A experiência mostra que, para que o ferro enferruje, as seguintes condições devem ocorrer:

a) É necessária a presença de oxigênio, O_2 e água. Em atmosferas muito secas, de baixíssima umidade – como a de alguns desertos – praticamente não há enferrujamento. Naquelas isentas de oxigênio – como na superfície da Lua – objetos de ferro podem permanecer inalterados por tempo indefinido.

b) A presença de ácido em solução, $H^+(aq)$, acelera a corrosão.

c) Alguns metais, como o zinco, previnem a corrosão do ferro.

d) Outros metais, como o cobre, aceleram a corrosão do ferro.

d) Se houver tensões no metal como, por exemplo, as causadas por dobras ou trações, o processo é acelerado.

As evidências experimentais mostram que a oxidação do ferro começa com a formação de íons Fe^{2+}, e segue a seguinte sequência:

1) Processo inicial, que leva à formação de hidróxido de ferro(II):

$$2\,Fe + O_2 + 2H_2O \rightarrow 2Fe(OH)_2.$$

2) Oxidação do hidróxido de ferro(II) a hidróxido de ferro(III):

$$2\,Fe(OH)_2 + (1/2)O_2 + H_2O \rightarrow 2Fe(OH)_3.$$

3) Formação do óxido de ferro hidratado (ferrugem):

$$2Fe(OH)_3 + nH_2O \rightarrow Fe_2O_3 \cdot xH_2O.$$

A primeira etapa pode ser entendida em termos dos potenciais padrão de redução envolvidos:

$$Fe^{2+} + 2e^- \rightleftharpoons Fe \qquad E^o = -0,409\ V$$

$$O_2 + 2H_2O + 4e^- \rightleftharpoons 4OH^- \qquad E^o = 1,23\ V$$

A reação global é a seguinte:

$$O_2 + 2H_2O + 4e^- \rightleftharpoons 4\ OH^- \qquad E^o = 1,23\ V$$
$$+\ \underline{2(Fe \rightleftharpoons Fe^{2+} + 2e^-)} \qquad -E^o = 0,409\ V$$
$$=\ 2Fe + O_2 + H_2O \rightleftharpoons 2Fe^{2+} + 4OH^- \qquad \Delta E^o = 1,64\ V$$

Os elétrons são conduzidos através do ferro metálico, de tal modo que as duas semirreações anteriores podem ocorrer em sítios distintos da superfície.

Os potenciais padrão também explicam por que o zinco previne a corrosão do ferro:

$$Fe^{2+} + 2e^- \rightleftharpoons Fe \qquad E^o = -0,409\ V$$

$$Zn^{2+} + 2e^- \rightleftharpoons Zn \qquad E^o = -0,763\ V$$

Portanto, a reação que ocorre é:

$$Fe^{2+} + 2e^- \rightleftharpoons Fe \qquad\qquad E^o = -0,409\ V$$
$$+\ \underline{Zn \rightleftharpoons Zn^{2+} + 2e^-} \qquad\qquad E^o = 0,753\ V$$
$$=\ Fe^{2+} + Zn \rightleftharpoons Fe + Zn^{2+} \qquad\qquad \Delta E^o = 0,354\ V$$

A equação mostra que, na presença de zinco metálico, os íons de ferro se reduzem à forma metálica. Por essa razão, é bom escolher pregos ou parafusos zincados – encontrados à venda em qualquer loja de ferragens – toda vez que se vai construir alguma coisa que estará sujeita às intempéries.

Foi mostrado que o cobre acelera a corrosão do ferro. Isso pode ser facilmente entendido pela análise dos potenciais de redução:

$$Fe^{2+} + 2e^- \rightleftharpoons Fe \qquad E^o = -0,409 \text{ V}$$

$$Cu^{2+} + 2e^- \rightleftharpoons Cu \qquad E^o = 0,344 \text{ V}$$

A reação global fica

$$Fe \rightleftharpoons Fe^{2+} + 2e^- \qquad E^o = 0,409 \text{ V}$$
$$+ \quad Cu^{2+} + 2e^- \rightleftharpoons Cu \qquad E^o = 0,344 \text{ V}$$
$$= \quad Fe + Cu^{2+} \rightleftharpoons Fe^{2+} + Cu \qquad \Delta E^o = 0,753 \text{ V}$$

O potencial de redução do cobre, sendo maior que o do ferro, faz com que os íons de cobre, produzidos pela ação do ar úmido sobre o metal, se reduzam, oxidando o ferro. Esse efeito é semelhante ao caso dos rebites de ferro em esquadrias de alumínio, discutido anteriormente. Por essa razão, não se deve unir chapas de ferro usando parafusos de cobre.

A possibilidade de combinar os potenciais de redução para evitar a corrosão é a base da proteção por metal de sacrifício. No caso do ferro, basta colocar junto a ele outro metal, que tenha potencial de redução menor. Assim, o segundo metal oxidará, reduzindo a metal os íons eventualmente presentes. Cascos de navio e tanques enterrados, como aqueles dos postos de abastecimento de combustíveis, podem ser protegidos colocando-se junto a eles, blocos de magnésio ou zinco. No caso do zinco, a reação envolvida é aquela mostrada anteriormente. Para o magnésio, as semirreações a considerar são:

$$Fe^{2+} + 2e^- \rightleftharpoons Fe \qquad E^o = -0,409 \text{ V}$$

$$Mg^{2+} + 2e^- \rightleftharpoons Mg \qquad E^o = -2,375 \text{ V.}$$

Portanto, a reação que ocorre é:

$$\begin{aligned} Fe^{2+} + 2e^- &\rightleftharpoons Fe & E^o &= -0,409 \text{ V} \\ + \quad Mg &\rightleftharpoons Mg^{2+} + 2e^- & -E^o &= 2,375 \text{ V} \\ \hline = \quad Fe^{2+} + Mg &\rightleftharpoons Fe + Mg^{2+} & \Delta E^o &= 1,966 \text{ V} \end{aligned}$$

A proteção por metal de sacrifício também é chamada proteção catódica ou proteção anódica. Estes nomes decorrem do fato de o ferro funcionar como catodo (eletrodo no qual ocorre o processo de redução) e o metal de sacrifício como anodo (eletrodo no qual ocorre o processo de oxidação) da pilha que se forma.

Funcionamento das pilhas mais simples

Uma pilha importante foi a desenvolvida em 1866 por G. Leclanché (1839-1882). Dentro de um recipiente de porcelana porosa, era colocada uma pasta de dióxido de manganês e carvão triturado, com um bastão de carvão para fazer contato elétrico. Esse conjunto era mergulhado em um copo contendo solução de cloreto de amônio e uma placa de zinco. O bastão de carvão funcionava como polo positivo e o zinco como polo negativo.

O passo significativo seguinte foi transformar o arranjo de Leclanché em uma pilha seca. A seguir, será descrito como isso foi feito e apresentado os principais tipos de pilha.

a) Pilha seca comum

Esta é uma pilha de Leclanché na qual a solução de cloreto de amônio foi transformada em gel, pela adição de amido.

O eletrodo positivo é um bastão de grafite, em contato com uma pasta de dióxido de manganês e carvão. O eletrodo negativo é um recipiente de zinco que contém o conjunto e está em contato com o gel de amido, o cloreto de amônio e o cloreto de zinco. O conjunto inteiro é envolvido por papelão e recebe uma chapa litografada com as cores promocionais do fabricante. As reações principais envolvidas são:

polo negativo (anodo): $Zn\ (s) \rightleftharpoons Zn^{2+} + 2e^-$

polo positivo (catodo):

$$2MnO_2(s) + Zn^{2+} + 2e^- \rightleftharpoons ZnMn_2O_4\ (s)$$

reação global:

$$Zn(s) + 2MnO_2(s\ ) \rightleftharpoons ZnMn_2O_4(s)$$

Essa pilha fornece 1,5 V. Em geral, ela para de funcionar antes de atingir a condição de equilíbrio, por ser comum a ocorrência de eletrólise da água no seu interior. Nesse caso, forma-se uma película de hidrogênio gasoso sobre a superfície interna do recipiente de zinco, impedindo o contato elétrico. Isso é conhecido como polarização. O contato elétrico pode ser restabelecido, ainda que de forma precária, por rompimento da película gasosa por choque térmico, colocando a pilha na geladeira ou em banho de água quente. Por essa razão, muitas pessoas creem que essas práticas recarregam a pilha. Contudo, a prática tem mostrado que estes expedientes são ineficientes, ainda mais pelo fato de que a polarização só se torna significativa, após muito tempo de funcionamento do dispositivo.

b) Pilha alcalina

A pilha alcalina se baseia nas mesmas semirreações que a pilha seca descrita anteriormente. A tensão fornecida também está ao redor de 1,5 V. A diferença é que o eletrólito cloreto de amônio foi substituído por hidróxido de potássio. Os íons hidróxido conduzem a corrente de modo mais eficiente que os íons cloreto ou amônio, diminuindo a resistência interna da pilha. O resultado é que a pilha se torna capaz de fornecer correntes mais intensas ou por muito mais tempo.

Do ponto de vista de construção, há grandes diferenças nos arranjos internos, mas não na aparência externa. O polo negativo é um fio de aço inoxidável em contato com zinco metálico em pó e solução concentrada de hidróxido de potássio. Esse conjunto está envolvido por um separador de tecido ou papel, saturado com hidróxido de potássio. O polo positivo é um copo de aço inoxidável, em contato com uma pasta de hidróxido de manganês, carvão triturado e hidróxido de potássio.

Figura 5.6
Esquema de uma pilha alcalina.

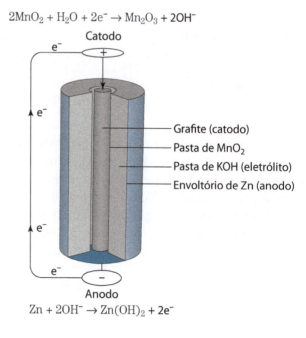

c) Pilha de óxido de mercúrio

Essa é uma pilha que pode ser construída em dimensões reduzidas, a tal ponto que poder ser colocada dentro de um relógio de pulso.

O conjunto, uma pequena caixa cilíndrica e uma tampa, são construídos em aço inoxidável. Uma arruela isolante de borracha permite adaptar a tampa na caixa e fechá-la hermeticamente. Internamente, no topo da tampa, que funciona como eletrodo negativo, está aplicada uma porção de zinco amalgamado (liga zinco/mercúrio). Na base da caixa, que funciona como polo positivo, está colocada uma pasta de óxido de mercúrio e carvão. O interior está preenchido por uma solução de hidróxido de potássio. Por essa razão, algumas vezes, esse dispositivo também é chamado pilha alcalina de mercúrio.

As reações envolvidas são:

polo negativo (catodo): $Zn(s) + 2OH^- \rightleftharpoons ZnO + H_2O + 2e^-$

polo positivo (anodo): $HgO(s) + H_2O + 2e^- \rightleftharpoons Hg + 2OH^-$

reação global: $Zn(s) + HgO(s) \rightleftharpoons ZnO + Hg$

Como existe uma solução alcalina, o óxido de zinco resultante se dissolve nela, formando o íon complexo, $[Zn(OH)_4]^{2-}$, zincato:

$$ZnO + H_2O + 2OH^- \rightleftharpoons [Zn(OH)_4]^{2-}.$$

Essa pilha fornece tensões ao redor de 1,3 V e dá conta de aplicações sofisticadas, nas quais o volume da fonte de eletricidade deve ser o menor possível: relógios, calculadoras e pequenos dispositivos, incluindo brinquedos. Entretanto, seu uso inspira cuidados, e está sendo condenado, diante do risco de contribuir para a poluição ambiental com mercúrio, caso seja indevidamente descartada. Recomenda-se que as pilhas sejam recolhidas pelo fabricante, que tem a tecnologia adequada para promover o descarte ou a reciclagem dos materiais, quando possível. Por essa razão, é importante educar o cidadão para a questão dos descartes de produtos de uso doméstico.

d) Bateria chumbo-ácido

A bateria chumbo–ácido ainda é usada pelos veículos automotivos, para acionamento dos motores de arranque e da parte elétrica. Seu desenho inicial foi proposto, em 1859, por G. Planté, que mergulhou barras de chumbo em ácido sulfúrico. Em 1881, C. Faure substituiu as barras por grades de chumbo.

Nessa pilha, o polo negativo é constituído pelo chumbo metálico e o polo positivo pelo óxido de chumbo. O eletrólito em contato com os eletrodos é constituído por ácido sulfúrico, na concentração aproximada de 3 mol L^{-1}. As reações envolvidas são:

polo negativo (anodo):
$$Pb(s) + HSO_4^- \rightleftharpoons PbSO_4(s) + H^+(aq) + 2e^-$$

polo positivo (catodo):
$$PbO_2(s) + HSO_4^- + 3H^+ + 2e^- \rightleftharpoons PbSO_4(s) + 2H_2O$$

reação global:
$$Pb(s) + PbO_2(s) + 2HSO_4^- + 2H^+ \rightleftharpoons 2PbSO_4(s) + 2H_2O$$

Para a construção dessa pilha se parte de grades de chumbo, mantidas afastadas por separadores isolantes, que podem ser feitos de madeira, borracha, plástico ou lã de vidro. Para receber a carga inicial, a bateria preenchida com a solução de ácido sulfúrico, é conectada a um gerador, unindo os polos de mesma polaridade. A eletrólise forma o PbO_2 do polo positivo. Uma vez carregada, o eletrólito pode ser retirado e a bateria pode ser armazenada. Ao ser colocado em uso, pela primeira vez, basta adicionar o eletrólito. Esse é o processo chamado baterias *seco-carregadas*.

Uma vez em uso, ocorre perda de água por evaporação. Essa deve ser reposta, adicionando água destilada. Não se pode adicionar mais ácido, porque isso aumentaria a concentração de H_2SO_4, prejudicando o funcionamento da pilha. Não se pode adicionar água de torneira, porque contém cloro e íons cloreto, capazes de reagir com o chumbo ou com o óxido de chumbo. Um desenvolvimento recente foi a substituição da solução de eletrólito por gelatina com eletrólito, que diminui, em muito, a evaporação, livrando o usuário dessa preocupação.

À medida que a bateria funciona, há consumo de íons HSO_4^- do ácido sulfúrico. Portanto, a queda da concentração do H_2SO_4 é uma indicação da carga da bateria. Um modo simples de determinar concentrações de ácido sulfúrico é medir a densidade da solução. Para densidades iguais a 1,280; 1,250; 1,180; 1,130 e 1,080 g/mL (25 °C) as cargas correspondem a 100%; 75%; 50%; 25% e 0%, respectivamente.

Essa pilha fornece a tensão de 2 V. Para obter correntes intensas, várias grades são ligadas em paralelo, formando o que se chama de um elemento. Como, em geral, também é necessário obter tensões elevadas, vários elementos são unidos em série.

e) Baterias de níquel/hidreto metálico e de níquel/cádmio

Essas duas baterias vêm conquistando o mercado, principalmente na área eletroeletrônica, por serem recarregáveis e duráveis. Ambas utilizam eletrodos positivos baseados em oxi-hidróxido de níquel, NiOOH, porém os eletrodos negativos são constituídos por cádmio, ou por uma liga metálica capaz de absorver hidrogênio formando hidretos metálicos. A liga mais utilizada atualmente é do tipo AB_5, em que A é uma mistura de terras raras (La, Ce, Nd, Pr) e B é constituído por Ni, Co, Mn e/ou Aℓ. O potencial típico fornecido por essas baterias é de 1,2 V. As baterias com hidreto metálico oferecem melhor desempenho por massa ou volume, em relação às de cádmio, e oferecem menos riscos em termos de toxicidade ambiental.

As reações envolvidas são:

no eletrodo negativo (redução, catodo)

$$H_2O + M + e^- \rightleftharpoons MH + OH^-$$

no eletrodo positivo (oxidação, anodo)

$$Ni(OH)_2 + OH^- \rightleftharpoons NiO(OH) + H_2O + e^-.$$

f) Baterias de lítio

As baterias de lítio utilizam como catodo (polo +) um óxido metálico (por exemplo, MnO_2, Co_2O_3) contendo lítio, geralmente intercalado na matriz, e como anodo (polo –) uma forma de carbono grafítico capaz de incorporar altos teores de lítio, como anodo. Os dois eletrodos são separados por um fluído contendo um sal de lítio, como o $LiC\ell O_4$, usados como eletrólito para transportar as cargas elétricas (vide Figura 5.7).

Um dos tipos de bateria de lítio mais usados, atualmente, com vantagens pela durabilidade e estabilidade, é a de óxido de cobalto:

$$Li_{(1-x)}CoO_2 + C_{grafite}Li_x \rightleftharpoons LiCoO_2 + C_{grafite}$$

O polo positivo é formado pelo $Li_{(1-x)}CoO_2$ que transfere elétrons e, ao mesmo tempo, incorpora íons de lítio provenientes do eletrodo negativo feito de um composto de intercalação de grafite e lítio. Durante o carregamento, no eletrodo positivo contendo $LiCoO_2$, uma fração do lítio é liberada e migra, deslocando-se pelas camadas de grafite que formam o eletrodo negativo, concentrando-se nelas. Essa bateria fornece uma densidade de energia equivalente a 160 W h kg^{-1} com uma voltagem típica de 3,6 V, e fácil recarga.

Figura 5.7
Esquema de uma bateria de lítio.

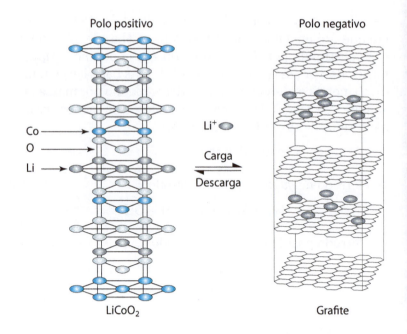

g) Cela de combustível

A cela de combustível (Figura 5.8) representa uma inovação tecnológica muito importante. Dentre os modelos disponíveis, o mais eficiente usa hidrogênio e oxigênio gasosos. O dispositivo consta de dois eletrodos de platina porosa, contendo, entre eles, uma solução de hidróxido de potássio ou uma membrana trocadora de íons. Externamente, sobre um dos eletrodos, circula hidrogênio e, sobre o outro, oxigênio. Também se usam catalisadores sobre os eletrodos para acelerar as reações.

Nos poros superficiais da platina porosa, forma-se uma interfase trifásica envolvendo o metal, o gás e a solução de KOH. Nessa interfase, acontecem as seguintes reações:

Polo negativo (anodo): $H_2(g) + 2OH^- \rightleftharpoons 2H_2O + 2e^-$

Polo positivo (catodo): $(1/2)O_2(g) + H_2O + 2e^- \rightleftharpoons 2\ OH^-$

reação global: $H_2(g) + (1/2)\ O_2(g) \rightleftharpoons H_2O$.

A reação que acontece nessa pilha, fornecendo os elétrons, é simplesmente a formação de água! Corresponde à reação inversa da eletrólise, na qual o fornecimento de ele-

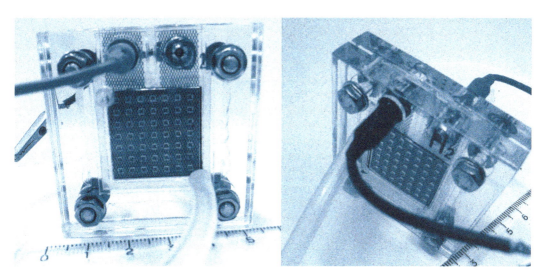

Figura 5.8
Cela de combustível em miniatura mostrando a entrada dos gases H_2 e O_2, e os eletrodos no centro, separados por uma membrana porosa.

tricidade causa a quebra da molécula, originando os gases. Uma pilha de combustível que funciona com base nessa reação fornece uma tensão de 1,23 V, a 25 °C. O ponto mais atraente das pilhas de combustível é que só funcionam quando há fluxo de gases sobre os eletrodos. Assim, podem ser desligadas, cortando o suprimento gasoso, sendo acionadas apenas quando for necessário.

CAPÍTULO 6

CONVERSA COM O LEITOR

Neste volume foi abordada a questão energética, valorizando o conhecimento básico sobre os átomos e as ligações, e o papel das forças de natureza eletromagnética nos sistemas químicos. Lidar com os aspectos energéticos é uma tarefa extremamente importante, pois proporciona o lastro necessário para avançar na compreensão dos sistemas químicos.

- Faz muita diferença saber se estamos lidando com sólidos, líquidos ou gases. Por isso, esse tema foi introduzido no Capítulo 1, para entender como ocorrem as mudanças de estado, e depois conseguir interpretar os diagramas de fase até chegar na descrição dos aspectos relevantes da organização molecular.

- As leis que governam as questões energéticas foram reunidas no Capítulo 2, de termodinâmica. Na química as variações energéticas são geralmente observadas sob a forma de manifestação de calor, luz ou eletricidade. Cada uma dessas formas tem as suas características próprias, com suas equações e leis correspondentes. O calor se manifesta nos sistemas químicos de uma forma complexa, envolvendo um conjunto de energias potenciais e cinéticas associadas à estrutura eletrônica, vibracional, rotacional e translacional das moléculas (também chamadas de energia interna) além do trabalho mecânico produzido, por exemplo, no processo de expansão de gases. Por isso, foi feita uma abordagem objetiva, enfatizando os princípios e conceitos, e principalmente, a questão da entropia e energia livre. É natural encontrar alguma dificuldade nesse assunto, que exige muita persistência e dedicação.

- No Capítulo 3, o ponto central foi o estudo dos equilíbrios em solução aquosa, focalizando os ácidos e bases, pH e a questão do produto de solubilidade. São assuntos importantes, que fazem parte do cotidiano e precisam ser bem trabalhados.

- No Capítulo 4, a cinética química foi tratada de forma global, enfatizando conceitos importantes, desde as leis de velocidade, teoria do estado de transição, até a construção dos mecanismos de reação. É um tema abstrato, porém essencial para entender como ocorrem as reações químicas. Com os fundamentos de cinética química é possível avançar no conhecimento da reatividade, até chegar aos processos catalíticos que movimentam o setor produtivo da indústria química moderna.

- No Capítulo 5, o assunto tratado foi a eletroquímica, partindo da caracterização dos processos de transferência de elétrons, passando pelo equacionamento das reações, para chegar aos dispositivos e ainda discutir o fenômeno de corrosão. Deve ser lembrado que as reações de transferência de elétrons formam a base dos processos energéticos que possibilitam a nossa existência, e essa temática permite vislumbrar um campo imenso na tecnologia e nos processos biológicos.

QUESTÕES PROVOCATIVAS

A) SOBRE TRANSFORMAÇÕES E ESTADOS DA MATÉRIA

1. Quando dissolvemos açúcar em água, parece que as moléculas de sacarose permanecem intactas na fase líquida, ou seja, não sofrem alteração. O sal (cloreto de

sódio) dissolvido em água também parece voltar a ser que era antes, após a evaporação do solvente. Então, a dissolução de uma substância em um solvente representa um fenômeno químico ou físico?

2. Naftaleno (naftalina), iodo (I_2), dióxido de carbono (CO_2) são sólidos típicos que apresentam o fenômeno de sublimação. Suas geometrias moleculares são bastante sugestivas, e podem dar algumas pistas importantes para entender a passagem direta para o estado de vapor. Tente formalizar alguma lógica, procurando entender as forças de coesão que atuam nessas substâncias.

3. Pense a respeito do modelo de gás ideal, e discuta quais os fatores que provocam o desvio desse comportamento. Mostre como eles foram levados em conta por van der Waals.

4. Tomando o H_2O como exemplo, discuta por que a água é líquida à temperatura ambiente enquanto o H_2S é um gás, apesar de ter maior massa molecular. Como você representaria a água no estado líquido? Você conseguiria explicar por que o gelo flutua na água?

5. Os átomos metálicos quando empilhados formam estruturas do tipo cubo (primitivo), cubo de face centrada e hexagonal (compacto). São os arranjos espaciais mais prováveis produzidos quando empilhamos esferas idênticas. Você saberia representá-los no espaço?

6. Discuta como Bragg conseguiu provar a difração da luz em cristais atômicos ou moleculares usando raios-X. Note que, na natureza, as cores de muitas pedras, como os cristais de opala, e das asas das borboletas, decorrem da difração da luz visível. Qual seria o motivo de Bragg ter usado raios-X em vez da luz visível em seus experimentos?

7. Calcule a energia reticular do $NaC\ell$ considerando que a distância internuclear é igual a 0,281 nm, a constante de Madelung é 1,747 e n = 8.

8. Discuta os fatores que influem na energia reticular dos cristais iônicos, e racionalize a variação nos pontos de fusão ao longo da série NaF (995 °C), $NaC\ell$ (801 °C), NaBr (747 °C) e NaI (660 °C).

Energia, estados e transformações químicas

9. Os pontos de fusão do NaF, MgF_2, $NaC\ell$ e $MgC\ell_2$ são respectivamente 995 °C, 1.263 °C, 808 °C e 714 °C. Tente racionalizar as diferenças nos seguintes pares: a) NaF e $NaC\ell$; b) NaF e MgF_2 e c) $NaC\ell$ e $MgC\ell_2$.

10. Como você explicaria a facilidade com que podemos clivar um cristal de cloreto de sódio e por outro lado, a enorme dificuldade encontada para clivar um cristal de diamante?

11. Discuta por que os pontos de fusão proporcionam critérios de pureza dos materiais?

12. Que se entende por ponto triplo em um diagrama de fase?

13. Qual o significado do ponto crítico, e sua importância prática?

14. O cloreto de prata ($AgC\ell$) tem uma energia reticular menor que o cloreto de sódio ($NaC\ell$), e é pouco solúvel em água, ao contrário do $NaC\ell$. Por isso, os íons Ag^+ e $C\ell^-$ formam precipitado de $AgC\ell$, enquanto os íons de Na^+ e $C\ell^-$ permanecem dissolvidos em água. Como você explicaria esse fato?

15. Entre as várias formas de expressar as concentrações das soluções, quais delas independem da temperatura?

16. Discuta o significado das propriedades coligativas, e suas aplicações.

17. Explique a ocorrência do fenômeno de ebulição de um líquido puro, e de uma mistura de dois líquidos, em termos das suas pressões de vapor.

18. Discuta como faria para obter água pura a partir da água do mar, dispondo dos materiais necessários no laboratório, mas sem o uso de energia elétrica ou calor.

19. Por que as soluções coloidais são susceptíveis à presença de eletrólitos? Qual a consequência disso nos estuários?

20. Explique como agem os sabões e detergentes no processo de limpeza, e discuta o que acontece quando você tenta lavar as mãos impregnadas com giz, com sabão comum.

21. Que são cristais líquidos e qual a sua importância?

22. Você pode executar uma experiência muito simples em sua casa. Em um prato com água, borrife suavemente um pouco de talco para formar uma camada superficial bastante fina e o mais homogêneo possível. Toque a ponta de um palito de dente em uma gota de detergente e depois coloque a ponta do palito em contato com o centro da superfície de talco no prato. Explique o fenômeno observado. Essa experiência permite avaliar o tamanho da molécula do detergente, desde que se conheça a massa depositada sobre a superfície (isso pode ser avaliado independentemente através de experimentos de gotejamento).

B) SOBRE ENERGÉTICA E EQUILÍBRIO

23. Ao contrário das outras formas de energia, o calor tem um significado muito amplo e está intimamente relacionado com a energia interna dos sistemas, englobando os níveis eletrônicos, vibracionais e rotacionais das moléculas, bem como as energias cinéticas associadas, envolvendo ainda um parâmetro bem conhecido, que é a temperatura. Temperatura e calor não são sinônimos. Você conhece uma situação em que se adiciona calor, mas a temperatura permanece constante. Qual foi o destino do calor nesse caso? Essa questão está ligada ao primeiro princípio da termodinâmica. Você consegue interpretar esse princípio?

24. Procure entender o significado de função de estado, pois é um dos aspectos que torna a termodinâmica especialmente útil e fácil de utilizar. Mostre como isso é feito.

25. Examine com atenção as condições que definem o estado padrão, pois isso está envolvido em todas as considerações dos cálculos termodinâmicos. Quais são essas condições?

26. A entropia é outra grandeza muito importante, ao lado da entalpia. Trabalhar com a entalpia é equivalente a lidar com o calor associado a um sistema. Entretanto a entropia surge como um fato adicional, e mesmo filosófico. A segunda lei da termodinâmica diferencia entre um processo reversível e irreversível, através da

entropia. Procure o significado disso, na segunda lei da termodinâmica e tente explicar.

27. Em sistemas reversíveis, como a entropia se relaciona com a variação de calor no sistema?

28. Existe outra interpretação mais ampla para a entropia, proposta por Boltzmann. Qual é essa interpretação?

29. As variações na entalpia e entropia de um sistema foram englobadas no conceito de energia livre de Gibbs. Discuta o significado da expressão de energia livre de Gibbs, e analise a situação em que o sistema está em equilíbrio.

30. Verifique o significado da energia livre padrão de formação. Qual a relevância disso para os cálculos termodinâmicos?

31. Existe uma relação muito importante proposta por Gibbs, entre a constante de equilíbrio e a energia livre de uma reação. Discuta o significado dela, e mostre como a constante de equilíbrio pode ser expressa em função da variação de energia livre.

32. A variação de energia livre dita a espontaneidade e o sentido de uma reação. Reflita a respeito dos fatores que favorecem a ocorrência de uma reação química, e busque exemplos que ilustram isso.

33. Uma das aplicações mais interessantes da energia livre de Gibbs está no Diagrama de Ellingham, mostrado na Figura 2.3. Qual é o significado das inclinações e das quebras observadas nesse diagrama? Localize a linha de energia livre zero nesse diagrama. A partir de que temperatura a decomposição do CuO se torna espontânea?

34. Compare as curvas de combustão do carbono e CO no diagrama de Ellingham, e procure entender as inclinações contrastantes. Em temperaturas inferiores a 750 °C quais dessas espécies conseguem reduzir o óxido de ferro, FeO? E, em temperaturas superiores a 750 °C, quais dos processos estariam envolvidos na redução do FeO a ferro metálico?

35. Explique por que obtenção do alumínio, magnésio e cálcio não é feita por via pirometalúrgica.

C) SOBRE OS EQUILÍBRIOS EM SOLUÇÃO AQUOSA

36. Pense a respeito do comportamento dos ácidos e responda ao desafio: qual é o ácido mais forte que pode existir em solução aquosa? Com base nisso, tente explicar o que representa o efeito nivelador do solvente.

37. Quando você encontra um frasco com o rótulo *hidróxido de amônio concentrado*, que espécies, de fato, estão presentes na solução?

38. Você consegue explicar como funciona uma solução tampão? Que tipo de ácido ou base deve ser utilizado para obter o efeito tampão?

39. A expressão pH = pK_a + log([A$^-$]/[HA]) também é conhecida como equação de Henderson-Hasselbalch. Como você faria para avaliar o pK_a de um ácido HA com base nessa equação?

40. O produto de solubilidade governa a formação de precipitados em solução. Se você tivesse um sal A$^+$B$^-$ como faria para diminuir sua solubilidade em solução, ou prevenir sua dissolução?

41. Muitos sais pouco solúveis, como o AgCℓ, podem ser solubilizados na presença de um agente complexante específico; no caso, pode ser a amônia. Como isso funciona?

D) SOBRE A CINÉTICA QUÍMICA, EQUILÍBRIOS E MECANIMOS DE REAÇÃO

42. Observe cuidadosamente a curva cinética da reação de primeira ordem mostrada na Figura 4.1, e verifique como varia o intervalo de tempo necessário para que metade dos reagentes se transforme nos produtos, à medida que se caminha ao longo da reação.

43. Discuta os fatores experimentais que influenciam as velocidades de reação.

44. Faça uma comparação entre as teorias de Arrhenius e de Eyring, para explicar a cinética das reações.

45. Deduza a equação que relaciona o tempo de meia vida com a constante de velocidade para uma reação de primeira ordem.

46. Discuta como é feita a datação de materiais fósseis com base no decaimento do isótopo de ^{14}C.

47. Discuta a relação existente entre as constantes de velocidade e a constante de equilíbrio de uma reação.

48. Qual a informação contida em uma lei de velocidade?

49. Estude cuidadosamente e mostre como é possível calcular a lei de velocidade de uma reação reversa (no sentido da volta), uma vez conhecida a lei de velocidade da reação direta, e a constante de equilíbrio correspondente.

E) SOBRE TRANSFERÊNCIA DE ELÉTRONS E ELETROQUÍMICA

50. Discuta o significado do número de oxidação de um elemento em um composto, e comente as regras usadas na atribuição desses números.

51. Por que os estados de oxidação muito elevados, como V, VI ou VII, só são observados em compostos como os óxidos e fluoretos?

52. Na montagem de uma cela eletrolítica é fundamental o uso de uma interface porosa ou ponte salina. Qual a importância disso?

53. Qual a utilidade da constante de Faraday em um processo eletroquímico?

54. Qual é o papel do eletrodo de referência em uma cela eletroquímica?

55. Com base na Tabela 5.1, equacione as reações e calcule o potencial da célula eletroquímica formada pelo par $A\ell^{3+}/A\ell^0$ e Cu^{2+}/Cu^0. Fique atento para a observação a respeito do significado e da utilização dos potenciais padrão.

56. Como se expressa a dependência dos potenciais padrão com as concentrações dos íons metálicos em uma pilha eletroquímica?

57. Discuta as três formas principais de expressar a variação da energia livre de uma reação.

58. Explique a ordem dos potenciais de redução na série dos halogênios, com base no ciclo termodinâmico expresso na Tabela 5.2.

59. Com base no diagrama de Latimer, calcule o valor do potencial da semi-reação de redução do nitrato até amônia, em meio ácido.

60. Reflita sobre os fatores que facilitam a corrosão dos objetos de ferro, e sugira como fazer a proteção.

61. Discuta os processos envolvidos na bateria de chumbo--ácido.

62. Como funcionam as baterias de lítio?

APÈNDICE

TABELAS

Tabela A.1 — Algumas grandezas físicas no sistema SI

Especificação	Unidade Física	Símbolo	Sistema SI
Força	newton	N	$kg\ m\ s^{-2}$
Energia e Trabalho	joule	J	$kg\ m^2\ s^2$ ou N m
Pressão	pascal	Pa	$N\ m^{-2}$
Carga elétrica	coulomb	C	A s
Potencial elétrico	volt	V	$kg\ m^2\ s^{-3}\ A^{-1}$ ou $J\ C^{-1}$
Frequência	hertz	Hz	s^{-1}

Tabela A.2 — Conversão de unidades de energia

	hartree	eV	cm^{-1}	$kcal\ mol^{-1}$	$kJ\ mol^{-1}$
hartree	1	27,2107	219.474,63	627,503	2.625,5
eV	0,0367502	1	8.065,73	23.060,9	96.486,9
cm^{-1}	$4.556,33 \times 10^{-6}$	$1,23981 \times 10^{-4}$	1	0,00285911	0,0119627
$kcal\ mol^{-1}$	0,00159362	0,0433634	349,757	1	4,18400
$kJ\ mol^{-1}$	0,00038088	0,01036410	83,593	0,239001	1

Tabela A.3 Classificação periódica moderna dos elementos

1	2	3	4	5	6	7	8	9	10	11	12	13	14	15	16	17	18
1 **H** 1,0079																	2 **He** 4,0026
3 **Li** 6,941	4 **Be** 9,0122											5 **B** 10,811	6 **C** 12,010	7 **N** 14,006	8 **O** 15,999	9 **F** 18,998	10 **Ne** 20,180
11 **Na** 22,989	12 **Mg** 24,305											13 **Al** 26,981	14 **Si** 28,085	15 **P** 30,973	16 **S** 32,066	17 **Cl** 35,453	18 **Ar** 39,948
19 **K** 39,098	20 **Ca** 40,078	21 **Sc** 44,956	22 **Ti** 47,867	23 **V** 50,941	24 **Cr** 51,996	25 **Mn** 54,938	26 **Fe** 55,845	27 **Co** 58,933	28 **Ni** 58,693	29 **Cu** 63,546	30 **Zn** 65,40	31 **Ga** 69,723	32 **Ge** 72,64	33 **As** 74,92	34 **Se** 78,96	35 **Br** 79,904	36 **Kr** 83,80
37 **Rb** 85,467	38 **Sr** 87,62	39 **Y** 88,905	40 **Zr** 91,224	41 **Nb** 96,906	42 **Mo** 95,94	43 **Tc** 98	44 **Ru** 101,07	45 **Rh** 102,90	46 **Pd** 106,42	47 **Ag** 107,86	48 **Cd** 112,41	49 **In** 114,81	50 **Sn** 118,71	51 **Sb** 121,76	52 **Te** 127,76	53 **I** 126,90	54 **Xe** 131,29
55 **Cs** 132,90	56 **Ba** 137,32	57-71 **La-Lu**	72 **Hf** 178,49	73 **Ta** 180,94	74 **W** 183,84	75 **Re** 186,20	76 **Os** 190,23	77 **Ir** 192,21	78 **Pt** 195,07	79 **Au** 196,96	80 **Hg** 200,59	81 **Tl** 204,38	82 **Pb** 207,21	83 **Bi** 208,98	84 **Po** 209	85 **At** 210	86 **Rn** 222
87 **Fr** 223	88 **Ra** 226	89-103 **Ac-Lr**	104 **Rf** 261	105 **Db** 262	106 **Sg** 266	107 **Bh** 264	108 **Hs** 277	109 **Mt** 268	110 **Ds** 271	111 **Rg** 272	112 **Cn**		114 **Fl**		116 **Lv**		

Representativos

Metais de Transição

Lantanídios →

57 **La** 138,90	58 **Ce** 140,11	59 **Pr** 140,90	60 **Nd** 144,24	61 **Pm** 145	62 **Sm** 150,36	63 **Eu** 151,96	64 **Gd** 157,25	65 **Tb** 158,92	66 **Dy** 162,50	67 **Ho** 164,93	68 **Er** 167,26	69 **Tm** 168,93	70 **Yb** 173,04	71 **Lu** 174,96

Actinídios →

89 **Ac** 227	90 **Th** 232,03	91 **Pa** 231,03	92 **U** 238,02	93 **Np** 237	94 **Pu** 244	95 **Am** 243	96 **Cm** 247	97 **Bk** 247	98 **Cf** 251	99 **Es** 252	100 **Fm** 257	101 **Md** 258	102 **No** 259	103 **Lr** 262